U0657048

别让消极心态毁了你

潘鸿生◎编著

北京工业大学出版社

图书在版编目（CIP）数据

别让消极心态毁了你 / 潘鸿生编著. —北京：北京工业大学出版社，2017.5
ISBN 978-7-5639-5193-2

Ⅰ. ①别… Ⅱ. ①潘… Ⅲ. ①情绪－自我控制－通俗读物 Ⅳ. ①B842.6-49

中国版本图书馆 CIP 数据核字（2017）第 017263 号

别让消极心态毁了你

编　　著：潘鸿生
责任编辑：宫晓梅
封面设计：尚世视觉
出版发行：北京工业大学出版社
（北京市朝阳区平乐园 100 号　邮编：100124）
010-67391722（传真）　bgdcbs@sina.com
出 版 人：郝　勇
经销单位：全国各地新华书店
承印单位：北京天正元印务有限公司
开　　本：787 毫米 ×1092 毫米　1/16
印　　张：18
字　　数：219 千字
版　　次：2017 年 5 月第 1 版
印　　次：2017 年 5 月第 1 次印刷
标准书号：ISBN 978-7-5639-5193-2
定　　价：32.80 元

前　　言

人们常说，心态决定命运。也就是说，心态的好坏，会直接影响到个人能力的发挥和行动的效果，并进一步决定一个人一生的命运。这种说法不无道理，现代心理学研究发现：人的心态与其行为方式有着非常密切的联系，简单来说，一个人的心态决定其行为方式，而其行为方式则决定着他的生活和工作。

一位哲人曾经说过：“要么你驾驭生命，要么生命驾驭你。你的心态决定谁是坐骑，谁是骑士。”的确，一个人的心态就是他自己真正的主人。心态决定很多方面。烦恼与欢喜，成功与失败，仅系于一念之间，这一念即是心态。

对待任何事物，心态是最重要的，心态是一个人独特而稳定的性格特征，心态决定命运，不同的心态造就不同的人生。心态有积极和消极之分，积极的心态能够使你保持乐观向上的情绪，增加克服困难的信心和勇气。消极心态会使你陷入情绪的低谷，阻挡你克服困难的决心。

美国成功学学者拿破仑·希尔关于心态的意义说过这样一段话：“人与人之间只有很小的差异，但是这种很小的差异却造成了巨大的差异！很小的差异就是所具备的心态是积极的还是消极的，巨大的差异就是成功和失败。”成功人士与失败人士的差别在于失败人士运用消极的心态去面对人生，而成功人士运用积极的心态支配自己的人生。成功人士之所以成功是因为他们始终用积极的暗示、乐观的心态和丰富的经验支配和控制自己的人生，失败人士之所以失败是因为他们总处于悲观、消极、颓废的状态。

运用积极的心态支配自己人生的人，能够乐观地正确处理人生遇到的各种困难、矛盾和问题。运用消极的心态支配自己人生的人，总是以悲观、消极的心态去解决人生所面对的各种问题、矛盾和困难。

成功是运用积极的心态处理问题的结果。当你认为自己是有能力的，你就会觉得各方面只要经过自己努力就能取得成功。因为这个世界上没有任何人能够改变你，只有你能改变自己，也没有任何人能够打败你，除非你自己打败自己。因此，无论你自身条件如何差，只要你有积极的心态，并将它与成功的其他定律相结合，就可能达到成功的彼岸。反之，无论你自身条件如何优越，机会如何千载难逢，只要你的心态消极，那失败就是必然的。

人生在世，我们首先要有一个好心态，才能保持好状态。一个总是怀着消极心态的人很难得到成功的垂青。消极心态会抑制你的潜能，将你的生活、事业搅得一塌糊涂。不但如此，消极心态还会使你看不到将来的希望，进而激发不出动力，甚至会摧毁你的信心，使希望泯灭。消极心态就像一剂慢性毒药，吃了这服药的人会慢慢地变得意志消沉，失去任何动力，而成功也会越来越远。你如果不想毁于消极心态，想活出精彩的自我，那么就从现实开始管理你的“心态”吧！

本书结合真实、生动的案例，引导读者认识消极心态的危害，并对化解消极心态提出具体可行的建议，使读者学会调整自己的心态，将消极情绪转化为积极情绪，激发自己无限的潜能，找回真正的自己，积极面对生活。

目　　录

第一章　产生消极心态是本能，驾驭消极心态是本领

脾气来了，健康走了 003

生气是用别人的错误惩罚自己 007

别为小事生气，不为鸡毛蒜皮的事烦恼 010

与他人争执，是一场有输无赢的战争 013

怒发冲冠时，请及时踩一脚“急刹车” 017

气愤时，请别做任何决定 021

别在浮躁中迷失方向 025

驾驭你的情绪，而不是被它所驾驭 028

微笑比愤怒更有力量 031

第二章　不因得失而消极，从容学会拿得起与放得下

患得患失让人筋疲力尽 039
看得开得失，才是真正的智者 042
学会放下，让人生变得轻盈 046
有舍有得，付出也是收获 050
人生因失去而美丽 053
放弃也是一种正确的选择 056
别为完美而苦恼，不完美才最真实 058
拓宽你的眼界，学会吃点“眼前亏” 062

第三章　凡事不消极，别跟自己过不去

世上本无事，庸人自扰之 071
对自己的缺陷，不必耿耿于怀 074
你为自己而活，何必太在意他人的脸色 078
走出悲观消极的阴霾，做一个乐观积极的人 080
不要为自己的过失而苦恼 085
事事往好处想，你遇见的就都是好事 089
别跟自己过不去 093
与其效仿别人精彩的人生，不如做最真实的自己 096

人生不是竞赛，不要执着于与人比较 100
凡事不必太较真，糊涂做人最快活 104

第四章　轻视所谓的困难，自然会心情愉悦

把磨难当成人生的小插曲 111
如果事与愿违，请相信上天一定另有安排 115
天上下雨地下滑，自己跌倒自己爬 119
困难是弹簧，你弱它就强 122
在磨难中砥砺，让自己更强大 126
没有绝望的环境，只有失望的人 129
理性看待成败，冷静才能反败为胜 133
失败是宝贵的经验，与其后悔不如珍惜 136
感谢那些苦难的日子，让你学会了成长 139

第五章　远离抱怨，你就远离了消极心态

越是抱怨，事情就会越糟糕 145
调整心态，停止无谓抱怨 149
自知者不怨人，知命者不怨天 153
学会感恩，感谢折磨你的人和事 157

怀抱希望，乐观面对生活 ……………………161
无法改变环境，但可以改变心态 ……………………165
人生如牌局，即使是烂牌也可以打好 ……………………168
拒绝抱怨，远离各种借口 ……………………172
当你无法改变事实时，就要学会改变自己 ……………………176

第六章　与其用消极心态去对待，不如用宽广胸怀去包容

气上心头，用宽容来解决问题 ……………………183
放弃报复，原谅他人的伤害 ……………………187
放下“仇恨袋”，干戈化玉帛 ……………………190
量小非君子，成大事者必有大气度 ……………………193
心字头上一把刀，一事当前忍为高 ……………………198
闻“批”则喜，善待他人的批评 ……………………201
欣赏你的对手，为他鼓掌叫好 ……………………206
心怀宽容，化解自身和他人的妒气 ……………………209
学会适当妥协，做生活中的智者 ……………………212

第七章　消极心态走了，幸福快乐来了

你的平常心，足以应对无常的人生 ……………………219

世界的美好，等着你用欣赏的眼光去发现 222
控制自己的欲望，不要成为它的奴隶 225
活在当下的人，才是最幸福的 229
远离名利的诱惑，你会更自由 232
把快乐装进心里 237
人生易老常知足，高兴欢乐永不愁 240
保持内心平衡，给心灵一片净土 245
万事随缘，一切顺其自然 247

第八章　摒弃消极，积极面对

把发脾气的时间用来提升自己 253
找准增长点，你的人生才会增值最快 256
不断向前，永葆一颗进取之心 259
没有一劳永逸，勤奋的人才能跑在前面 262
克服自卑，建立起你的自信心 266
消除忧虑，及时化压力为动力 268
盯紧梦想不迷惘 270

第一章
产生消极心态是本能，驾驭消极心态是本领

脾气来了，健康走了

人生中不如意之事十有八九，身边无休止的琐碎小事都有可能让我们生怒气、生闷气、生闲气、生怨气……事实上，生气不但解决不了问题，反而会使本来不如意的事情更加糟糕。更糟糕的是，生气还会严重地损害我们的身心健康。

从前，有一个人出于嫉恨和误解，就恶骂上帝，骂得非常凶。但是上帝却平静地坐着，并没有理他。最后那个人骂累了，就喘着气问："你为何不说话？"上帝缓慢地站起身问："如果你送别人一份礼物别人不接受，这一份礼物在谁的手里？"那人不假思索地说："当然还在我手里啊。"上帝又说："你刚才怒骂我一通，但我却不理会你，你那怒气不还是回到你自己身上了吗？"最后，上帝语重心长地说："气大会伤身，你伤的是自己。"

生气是健康的天敌。人生气时，体内还会分泌出有毒的物质，对健康不利。

刘敏老师今年三十岁，是当地一所中学的语文老师。她有一位工程师丈夫和一双学习成绩优异的儿女。按理说，刘敏老师应该是一个很幸福的女人，但是她却每天烦恼连连。她的丈夫借口工作太忙，已经连续一个星期没有回家了；一双儿女纷纷住进了姥姥家；左邻右舍看到她都下意识地躲避；教研室的老师也都不愿意主动和她说话。

新的一天开始了。阳光明媚，微风和煦，本来是一个高兴的日子，刘敏却脸色阴沉。因为家里的小狗昨天晚上在阳台上撒了一泡尿，还弄脏了窗帘。在楼下买早餐时，刘敏因为被忙碌的老板怠慢，而和老板大吵了一架。当她气冲冲地走进教室时，又被体育老师的教育器械绊了一下险些摔倒，她当着体育老师的面把器材扔出了窗外，这造成了另一场口角的发生。战火平息后，她打开电脑进入校园论坛，准备一吐心中不快，却发现自己教了快三年的学生竟在贴吧中骂她。她顿时火冒三丈，准备立刻去教室把这个学生臭骂一顿时，却因为动作太大被刚倒的开水烫伤了。

善良的教研室主任为她拿来药水，并递给她一张纸条，上面写道：生气时，第一个遭殃的是自己。刘敏老师顿时醒悟了：丈夫夜不归宿是因为她总是因为鸡毛蒜皮的事情和丈夫冷战，孩子搬进姥姥家是因为在姥姥家就不会被怒不可遏的妈妈斥责，邻居和同事对她冷漠是因为她几乎和所有熟识的人都发生过摩擦，在论坛上辱骂她的学生前两天才被她狠狠地批评了一番。原来一切烦恼都来自于自己的易怒。

国际上曾公布了一项新研究成果。研究成果显示：脾气暴躁的人不仅容易中风，也容易猝死。许多人认为生气是一种发泄方式，不满、难过和委屈等坏情绪通过大发雷霆可以得到宣泄。其实，这种想法是错误的，生气不但不能起到宣泄作用，还会伤害我们的身体。这就是中风、猝死等疾病多发生在生气时的原因。生气如同一个夜行的刺客，在不知不觉中就偷走了我们的健康，夺走了我们的生命。

路易斯在30岁的时候因工伤而背部受损，他失去了工作，同时还承受着病痛的折磨。这次变故使他变得爱生气：因为无法很快医治痊愈而生气，因为老板对他不公而生气，甚至因为家人对他不够体贴而生气，他还生上帝的气，他整天想着："上帝多不公平啊！为什么让我这么年轻就受到这样大的创伤！"终于在他36岁时，第一次心脏病发作了，原因是他在街上遇到了他的一个"仇人"。醒来后他告诉医生，在他病发前，他正在因为见到那个人而火冒三丈。

这一次发病并没有给他带来改变，平时他还是会勃然大怒。41岁时，他再次因为发怒而住院，他身边的人都劝他："别再这样生气了，不然你会死的。"但路易斯仍然固执地说："不，我宁愿死也不能接受这一切，我不可能不生气。"

三周后，他在接到一个电话而气急败坏、冲着话筒大叫的时候，心脏病再次复发，永远地离开了人世。

坏脾气是致病的凶手。中医认为："生气乃百病之源。"经常生气的人，身体机能会慢慢发生变化，进而出现各种病变。通过科学研究发现，生气对健康有八大损害。

1. 长色斑

生气的时候，血液大量涌向头部，此时血液中的氧气会减少，相反毒素增多。毒素会刺激毛囊，引起毛囊炎症，进而生成色斑。

2. 加速脑细胞衰老

生气的时候大量血液会涌向大脑，在这个过程中，脑血管的压力大大增加，此时血液中含有的毒素也最多，氧气最少，这种情形对脑细胞来说不亚于一剂"毒药"。这剂"毒药"会加速脑细胞衰老。

3. 胃溃疡

生气会引起交感神经的兴奋，并直接作用于心脏和血管，这个时候胃肠中的血流量减少，胃肠蠕动减慢，进而引起食欲变差，严重时还有可能引起胃溃疡。

4. 心肌缺氧

生气时，当大量血液冲向大脑和面部的时候，供应心脏的血液就会减少，从而造成心肌缺氧。在这种情况下，心脏为了满足身体需要，只能加倍工作，进而心跳就会不规律，这种不正常的状态更致命。如果我们努力让自己微笑，逐渐回忆起愉快的事，令心脏跳动恢复正常，血液流动就会趋于正常。

5. 伤肝

生气时，人的身体会分泌一种叫作“儿茶酚胺”的物质，这种物质作用于中枢神经系统，会使血糖升高，加速脂肪酸分解，导致血液和肝细胞内的毒素增加。

6. 引发甲亢

生气会令内分泌系统紊乱，导致甲状腺分泌的激素含量增加，只是短时间的生气不会对身体造成太大影响，但随着时间的推移，久而久之就会引发甲亢。

7. 伤肺

生气的时候情绪冲动，呼吸就会变得急促，甚至出现过度换气的现象。于是，肺泡不停扩张，没有足够的时间完成完整的收缩，得不到应有的放松和休息，从而对肺的健康造成影响。

8. 损伤免疫系统

生气的时候，大脑会命令身体制造一种由胆固醇转化而来的物质——皮质固醇。少量的这类物质对身体造成的危害不大，但如果在体内积累过多，就会影响免疫细胞的功能，使身体的抵抗力下降。

俗话说：“不要气、不要恼，气气恼恼人易老。”生气对人体健康有百害而无一利。为了健康，我们要学会收敛自己的脾气。

生气是用别人的错误惩罚自己

生气就是自己找罪受。德国古典哲学家康德说："发怒，是用别人的错误来惩罚自己。"每个人都要对自己的行为负责，犯错就要接受惩罚，但是，生气并不是惩罚犯错之人的一种手段，反而是和自己过不去。

许多时候，我们往往做拿别人的错误来惩罚自己的傻事，在惩罚自己的时候，又达不到纠正别人错误的目的。这种生气，并不能使别人做出什么改变，你也不会因此而愉快。一件事情本来是别人的错，我们却为此辗转反侧难以入睡，为此茶饭不思憔悴不堪，为此耿耿于怀闷闷不乐。而做错事情的那个人，却没把错误当作一回事，照样吃喝玩乐。他的人生依然美好，而我们的生活却变得黯淡无光。回过头来想想，犯错的其实是我们自己，我们不该错误地拿别人的过失惩罚自己。

大家都知道生气是无知又无济于事的解决问题的方式，可是又奈何不了它。正因为缺少度量和悟性，放不下得失之心，人才会生气。通常情况下，人们在生气时的表现不外乎两种：要么怒发冲冠、暴跳如雷，要么闷闷不乐、自我折磨。不管是哪一种，最终伤害最深的都是自己。怒发冲冠之人的怒火就像火山爆发，喷出的岩浆四处溅射，伤害了对方的感情。而闷闷不乐之人的怒火就像烧开水一样，水在水壶中翻滚沸腾，却始终无法突破壶盖，最终压抑了自己。然而，你付出如此多的代价却未必能换来犯错人的醒悟。从某种意义上说，生气是用别人的过错来惩罚自己的蠢行。既然如此，何苦要生气呢？

20世纪初期，爱因斯坦由于提出相对论而引起广泛的关注。但在当时，这一理论被众多科学家所质疑。随着时间的推移，越来越多的科学家加入了反对的行列，继而是对爱因斯坦及其相对论进行的一系列猛烈抨击。反对者召集了一百位当时颇具名望的科学家联名证明相对论是谬论，是无稽之谈。这种质疑和抨击愈演愈烈，最后变成了对爱因斯坦人身和人格的攻击。反对者在多个公开场合大放厥词：爱因斯坦是个疯子，是个毫无出息的傻瓜，是个一心只想出名的白痴……

记者会上，好事的记者追问爱因斯坦道："有一百位科学家认为你是错的，你怎么看？"爱因斯坦微笑着说："一百位？如果能证明我的确错了，一位就可以了！"会场里顿时掌声雷动。

爱因斯坦对于那些科学家的质疑、谩骂和羞辱真的一点都不生气吗？答案是否定的，没有人会对此无动于衷。但是爱因斯坦很清楚，生气、愤怒只会给自己平添烦恼，只会招致更多的非议，只会让那些反对者在笑声中举杯庆贺他们计划的得逞，所以他很好地控制住了自己的满腔怒火，没有让自己成为愤怒的牺牲品。时隔多年，那些反对者当中的一位略带调侃地说了这么一句话："时间证明爱因斯坦是获胜者，我们是失败者，我们让一个微笑打败了！"

20世纪80年代，年逾古稀的曹禺已是海内外声名鼎盛的戏剧作家。有一次美国同行阿瑟·米勒应邀来京执导新剧本，作为老朋友的曹禺特地邀请他到家里做客。吃午饭时，曹禺突然从书架上拿来一本装帧讲究的册子，上面裱着画家黄永玉写给他的一封信，曹禺逐字逐句地把它念给阿瑟·米勒听。这是一封措辞严厉且不讲情面的信，信中这样写道："我不喜欢你新中国成立以后的戏，一个也不喜欢。你的心不在戏剧里，你失去了伟大的灵通宝玉，你为势位所误！命题不巩固、不缜密，演绎分析也不够透彻，过去数不尽的精妙休止符、节拍、冷热快慢的安排，那一箩一筐的隽语都消失了……”

阿瑟·米勒后来详细描述了自己当时的迷茫：“这封信对曹禺的批评，用字不多却相当激烈，还夹杂着明显羞辱的味道，然而曹禺念信的时候神情激动。我真不明白曹禺恭恭敬敬地把这封信裱在专册里，现在又把它用感激的语气念给我听，他是怎么想的。”

阿瑟·米勒的茫然是理所当然的，毕竟把别人羞辱自己的信件裱在装帧讲究的册子里，且满怀感激地念给他人听，这样的行为太过罕见，无法使人理解与接受。但阿瑟·米勒不知道的是：这正是曹禺的清醒和真诚，是曹禺对于自己怒气的控制。

曹禺这种“傻气”的举动正是他自制能力的体现，他已经把这种羞辱演绎成了对艺术缺陷的真切悔悟。羞辱信对他而言是一笔鞭策自己的珍贵馈赠，所以他要当众感谢这一次羞辱，而不是用生气来惩罚自己。

没有人对于别人的批评和指责是可以一点都不生气的，关键在于你如何看待这样的事情，如何对待别人的指责。生气了别人只会有得逞的满足感，而自己却成为怒气下的牺牲品了。

有时候别人的指责、羞辱固然可恨，但如果我们一味沉浸在这种情绪之中，而不是自我调节，只知道生气，大多数时候是无济于事的。当我们不考虑任何实际情况，当愤怒越发激烈，转变为行动时，甚至会引发不必要的伤害。所以，面对他人的过错，能够做到不生气的人，才是生活的智者。生别人的气，不是在惩罚他人，而是在惩罚自己。

别为小事生气，不为鸡毛蒜皮的事烦恼

生活中，很多人能够在大事面前稳住阵脚，却在面对一些小事时乱了手脚；可以承受得了巨大的打击，却为小事烦忧；可以在大事上潇洒地放手，却对一些鸡毛蒜皮的小事念念不忘、斤斤计较。我们的生命如此短促，为那些不值一提的小事生气，实在是不值得。

有一位老妇人，她每天都会数一下自己筐里的鸡蛋还剩多少。一天，她发现自己的鸡蛋少了一个。于是，她又数了一遍，结果发现确实是少了一个。因为这一个鸡蛋，这位老妇人竟然伤心了好几天。她的邻居很不理解，就过来劝她说："不过是一个鸡蛋嘛，不至于这么生气啊。"没想到，这位老妇人非常难过地对邻居说："我丢了一个养鸡场！"邻居听了，非常纳闷，就问道："你不是丢了一个鸡蛋吗？怎么会是养鸡场呢？"老妇人回答说："我丢的是一个鸡蛋，可是这个鸡蛋可以孵出小鸡来，一只小鸡长大了，还会下很多鸡蛋，这些鸡蛋里的小鸡全都孵出来以后，我就可以办一个养鸡场了！"

丢了一个鸡蛋，本来是一件微不足道的小事，可是在这位老妇人心里，却变成了一个关系到养鸡场的大事。这是因为这位老妇人在看待这件事的时候，用了"放大镜"，让自己的情绪完全被一点小事给控制住了。

现实生活中，也不乏这样的人，他们实在太在意身边的一些琐事了。其实，很多人的烦恼，并不是由多么大的事情引起的，而恰恰是来自对身边一些琐事的过分在意、计较和较劲。

古时一位老妇，常为一些鸡毛蒜皮的小事生气。有一天她去找高僧谈禅论道，高僧听了她的讲述，把她领到一间禅房里，落锁而去。妇人气得破口大骂，骂了许久，高僧也不理会。妇人又开始哀求，高僧还是置若罔闻。

妇人终于沉默了，高僧来到门外，问她："你还生气吗？"妇人说："我只为我自己生气，我怎么会来到这个鬼地方受这份罪？""连自己都不肯原谅的人，怎么能心如止水？"高僧拂袖而去。

过了一会儿，高僧又问："还生气吗？"妇人说："不生气了。""为什么？""气也没办法啊！"高僧又离开了。

当高僧第三次来到门前时，妇人告诉他："我不生气了，因为不值得气。"高僧笑道："你还知道值不值得，看来心中还有气根。"说完高僧又离开了。

当高僧迎着夕阳将门打开时，妇人问道："大师，什么是气？"高僧将手中的茶水倾洒于地，妇人视之良久，顿悟，叩谢而去。

我们的生命就像高僧手中的那杯茶水一样，转瞬间就和泥土化为一体。光阴如此短暂，生活中一些无聊小事，又哪里值得我们花费时间去生气呢？相信我们在生活中都有过为琐事生气的经历，无非是为了争高低、论强弱，可争来争去，谁也不是最终的赢家。你在这件事上赢了某个人，说不定会在另一件事上输给他，输输赢赢，赢赢输输。当你闭上眼睛和这个世界告别的时候，你和普天下所有的人是一样的：一无所有，两手空空。

英国著名作家迪斯雷利曾经说过："为小事生气的人，生命是短暂的。"如果你真正理解了这句话的深刻含义，那么你就不会再为一些不值得一提的小事情而生气了。

有一次，郑凯和朋友约好一起去酒吧喝酒。“年轻人都爱去有乐队演奏的酒吧，图的是热闹，我是为放松一下神经，所以会选安静一点的酒吧。”听着萨克斯演奏的音乐，郑凯心情很不错。突然，有一个男人醉醺醺地走过来，不小心洒了郑凯一身的酒。郑凯开始有些生气，但又一想，算了，大不了回家把衣服洗了，何必跟一个喝醉酒的人生气呢，不值得。之后便又和朋友们聊起天、品起酒来。

其实，在每个人的生活中，都时不时地会发生一些不愉快的事情。也许是别人的一次不小心，把茶水洒在了自己的衣服上，或者是自己在开会的时候迟到了几分钟，又或者是因为中午的饭菜不合口味等，这些鸡毛蒜皮的小事，会出现在每个人的生活里。但是，不同的人解决的方法却有着很大的区别。心胸开阔的人，常常会一笑了之，不为这些小事继续烦恼，而那些喜欢钻牛角尖、心胸狭窄的人，则会沉溺在这些小事中，一遍又一遍地自讨苦吃，最终只会耽误了其他工作。

台湾的一位作家说过这样一段话：“人生就好像在建筑一座大厦，当一个人到了一定年纪的时候，就会发现自己的这座大厦，只是外表非常好，而内在却存在许多小问题，比如说水管失修、墙壁剥落等。但是这些小问题，又不值得把整座大厦拆掉，因为如果真的拆掉了，可能连自己都会忘了自己是谁。”可见，只有拥有了豁达的心胸，才能让自己的人生变得更完美。

在纷乱复杂的生活中，不可能事事都尽善尽美，不可能件件都顺心顺意，不尽如人意的事时有发生。对日常生活中一些鸡毛蒜皮的小事，完全用不着大动肝火。面对那些不值得生气的小事，我们何不用微笑去面对呢？微笑是豁达、是宽容，不仅能化干戈为玉帛，还能使我们的心态保持平和宁静，让自己免遭怒气的伤害。

法国作家莫鲁瓦曾说："我们常常被一些微不足道的小事所干扰而失去理智。我们生活在这个世界上只有几十个年头，然而我们却为这些无聊琐事而白白浪费了许多宝贵的时光。试问时过境迁，有谁还会对这些琐事感兴趣呢？不，我们不能这样生活。我们应当把我们的生命贡献给有价值的事业和崇高的感情。"将自己的精力用到那些真正需要我们去奋斗的事上，就不会有时间为那些小事去叹息、去悲哀，生命也就不会为那些不值得的人和事所浪费。

与他人争执，是一场有输无赢的战争

人有一个通病，不管有理没理，当自己的意见被别人直接反驳时，内心总是不痛快，甚至会被激怒，心理学家指出，用争论的方法不仅不能改变别人，还会引起别人的反感。争论所引起的愤怒常常会引起人际关系的恶化，而被争论的事物依旧不会得到改善。

人事部的宋经理是一位非常睿智的女人。她总能避免争辩，而让下属改正错误。最近公司要招聘一大批新员工，需要人事部给出一个具体的策划案。负责统计和订正公司岗位数量和各岗位员工数量的小王迟迟没有上交数据。宋经理催了一次又一次，他才把报表交了上来。可是这份报表做得非常粗糙，宋经理匆匆看了几眼就找出了基础错误。而这时离策划方案上交已经不足一周时间。小王的这种对工作不负责的态度将严重影响公司的正常运行。宋经理决定将小王叫到办公室，狠狠地批评一番。

小王似乎已经做好了充分的应对准备，没等宋经理开口，他就抢先说："这些数据太过繁杂，我已经尽力了。"

听完小王的话后，宋经理非常生气。她决定将以前的优秀报表都拿出来，好好羞辱小王一番。但是转念一想，这样做起不了任何作用。于是，她长出一口气，平静地说："我不是找你谈工作，而是随便聊聊。你马上就要结婚了吧？房子买好了吗？需要我帮忙吗？"

宋经理提到房子，小王幡然醒悟，对工作如此马马虎虎，怎么能升职加薪？于是，小王一改原来傲慢的神情，有些不好意思地说："如果可以，我想再核对一下数据。"

试想，倘若宋经理与刚开始傲慢的小王进行激烈的争辩，最终的结果很可能是小王在她的权威下屈服，随便修改一下报表，草草了事。对于需要精确数据的宋经理来说，这显然不是她所希望的结局。好在她能及时认识到争辩除了让事态变得更糟之外，并无任何好处。因此，她改变了方式方法，迂回地让小王意识到了自己的错误。

争辩不能起到任何作用。当人们面红耳赤地争辩时，说起话来就会不管不顾。所以，遇到争论时，我们最好能尽量忍在心里，不要爆发，用理智来抑制冲动，这样才能使大事化小，小事化无。

19世纪时，美国有一位青年军官因为个性好强，总爱与人争辩，所以经常和同僚发生激烈争执，因此人缘奇差，不能跟别人很好地合作。林肯曾经因此处分过这位军官，并说了一段深具哲理的话："任何决心有所成就的人，绝不会在私人争执上耗时间，争执的后果，不是他所能承担得起的。而后果包括发脾气、失去自制。我们要在跟别人拥有相等权利的事务上，多让步一点。而那些显得是我们对的事情，就让得少一点。与其跟狗争道，被它咬一口，不如让它先走。因为，就算宰了它，也治不好你的咬伤。"

著名成功学大师卡耐基指出：“普天之下，只有一个办法可以从争论中获得好处——避开它。避开它！像避响尾蛇和地震一般。十次有九次的争论的结果会使争执的双方更坚信自己绝对正确。不必要的争论，不仅会使你失去朋友，还会浪费你大量的时间。”

一位女士在某洗染公司里干洗了一件衣服，到了约定时间去取衣服时，发现洗好的衣服上有一个明显的焦痕。她确信这是干洗的时候不慎烫焦的。

这位女士非常生气，因为这一件衣服是她最称心的，所以她决定向该公司索赔。但是这家公司的洗衣单上明确注明：在洗染时衣服质料受损，公司不负责任。双方争吵了近一个小时仍然无法达成协议。于是她要求面见经理，和经理当面交涉。

这位女士气愤至极，径直闯进了经理办公室。经理正在房间办公，而这位女士在进门时除了一脸愤怒外，还怒声说道：“经理先生，我的衣服被你的职员弄坏了，我要求贵公司赔偿，这件衣服可是我花了五千多元买来的！”

“对不起，这件事我知道了，但洗衣单上不是已经注明出现这种情况我们不负责任吗？”她顿时哑口无言。不过，这位女士到底是很精明的人，她很快意识到争辩不能解决问题，于是她决定用别的方法试试。

她环视办公室一周，看见墙上挂着一根高尔夫球杆，忽然灵机一动，换了一种柔和的语气对经理说：“经理先生，您是不是很喜欢高尔夫球？”

“是的，您也喜欢吗？”那位经理一说到关于高尔夫球的话题，立刻来了兴致，因为他十分钟爱这项运动。

“我也喜欢！”这位女士索性以球杆为话题来引导他，“我近来一直在想怎样握球杆才好，经理，您喜欢哪种握杆方法呢？”

“我对常用的两种握法都不喜欢，不过我现在正在研究一种新的握杆方法，那真是棒极了！”

“是吗？可以教教我吗？可是今天我没有空，我是为我受损的衣服来的，既然您不愿意赔偿，我只好回家了。握球杆的方法就只有等到……”

“没关系，我们可以多谈一会儿的。至于那件衣服嘛，我给您一定的赔偿吧……”经理说着就打电话叫人进来，给这位女士开了一张支票，并对她说：“对于衣服的事我表示抱歉，就到此为止吧！现在还是让我来教您握球杆的方法吧，我可以先示范一遍给您看。喏，就是这样，我坚信您如果按这种方法练，您的球艺一定会长进飞速。”

结果，这位女士不仅获得了赔偿，还从公司经理那里学到了球艺。

所谓“水善利万物而不争”，有多少人在不争中收获无尽的乐趣与美满，又有多少人在你争我抢中深陷愤怒的旋涡，与幸福南辕北辙、擦肩而过。在发生分歧的时候，心平气和的讨论才能帮助我们认清客观事实和真理，而在激烈争辩中我们只能获得仇恨。静下心来想一下，在争辩中我们能得到什么？除了浪费时间、浪费唾沫，换来别人违心的认输，给别人留下一个“莽夫”的印象之外，我们什么也没得到。所以，你如果不想处处与人为敌，而想搞好人际关系，就请记住：永远避免同别人争论。

怒发冲冠时，请及时踩一脚“急刹车”

愤怒是人类的一种失控情绪。当人们处在愤怒中时，智商和情商都会降到最低，特别容易做出冲动的傻事。在愤怒的关头，人们往往自以为是，然后做出非常武断的决定，其冲动行为的危害性不可估量。

有一家工厂，有一次老板到仓库巡视的时候，看到有一个工人正躺在地上睡觉。这位老板平时最痛恨的就是工人上班偷懒了，此时看到这样一幕，顿时气上心头，他立刻摇醒工人，问：“你一个月的工资是多少？”睡眼惺忪的工人还有点迷糊，没反应过来发生了什么事，但还是顺从地回答：“2000块。”老板马上叫来仓库领班，当即发给工人2000块钱，怒气冲冲地对工人吼道：“拿了钱赶快给我滚！”那工人睁大眼睛，什么都没说，拿了钱转身就走了。

工人走后，老板问领班：“那个工人是谁介绍来的？”领班答道：“老板，那个人不是我们公司的员工，他是别的公司派来送货的。”老板顿时羞红了脸。

后来这事一直被人当成个笑话说。

这个故事告诉我们，人在生气的时候是无法做出正确判断的，固执已有想法，判断频频出错，只会付出更大的代价。所以，无论遇到什么事都应该冷静沉着，尤其是怒火攻心之时，更要有意识地控制自己，先搞清楚事情状况，切忌一时冲动、意气用事。要知道，盛怒之下的行为，通常都毫无理智可言，事后后悔几乎是必然的。既然如此，为什么不在当时就控制自己，让自己别做那些注定要后悔的蠢事？

有一天，一对姓陈的夫妻因为一些琐事大吵大闹。陈太太气愤之际，摔掉所有能摔的家具之后还不解气，就决定烧掉两人辛辛苦苦积攒多年的10万元现金。陈先生见太太想要烧现金，心想：你不心疼钱，我也不心疼。于是，他不仅不加阻拦，反而跟她对着烧。短短的几分钟，多年的血汗就化成了灰烬。第二天，陈先生的气好不容易消了。但是，当他看到狼藉满目的房子和门口的一堆灰烬时，立刻又气上心头。当天夜里，他趁陈太太熟睡之际，拿起菜刀将其杀死。看着满身是血、一动不动的妻子，陈先生突然非常后悔：这是他爱了整整二十年的妻子，为自己生儿育女、烧饭煮菜的妻子啊。陈先生赶紧背着太太去医院。可是已经晚了，陈太太因失血过多身亡。陈先生主动去派出所自首，把后半生交给了冰冷的牢狱。

陈先生和陈太太的故事让人气愤，又不免生出同情。如果夫妻两人在吵架时能及时踩刹车，生活将美满幸福；然而两人任由愤怒张狂，最终造成了不可弥补的伤害。

愤怒往往会给我们造成遗憾。人在愤怒的一瞬间，智商接近于零，需要半个小时或者更长时间，才能慢慢恢复理智。所以，愤怒中的人异常愚蠢。有些事情，头脑清醒时我们绝对不会做。而怒火中烧时，我们却做得理所当然。当心中怒火熄灭时，我们甚至不知道是怎么把这些事情做出来的。愤怒总是吞噬理智，让我们做出追悔莫及的事情。这些追悔莫及的事情可大可小。所以，任何时候我们都不要轻易发怒。

有一回，因为鸡毛蒜皮的小事，有个农夫和他的邻居争吵了起来，两人谁也不肯让谁。一个人拉着闻声而来的牧师说：“您是德高望重的牧师，您来给我们评评理！”

“他实在是太过分了……”这个农夫怒气冲冲地指责和抱怨自己的邻居。

牧师在他就要马上大肆责骂对方过错的时候，打断了他的话：“对不起，我现在有点事，你们先各自回去，想想事情的经过，我明天再来为你们评理。”

第二天上午，两人又怒气冲冲地来了，但两个人很明显没有昨天那样愤怒了。

“事情是这样的，那个家伙实在无理……”

“我的事情还没有办好呢，我说过我办好了就会去找你们的，今天晚上我会去给你们评理，我们那个时候再见吧。”牧师不快不慢地打断农夫的话。

到了傍晚，牧师碰见了农夫，他正欢快地哼唱着小曲，在自己的农田里忙碌着，农夫和牧师打招呼，竟然完全没有提“评理”的事。

“现在，你还需要我来评理吗？”牧师微笑着问他。

“只怕要让您白跑一趟了，真是不好意思，我想明白了，为了这么一点小事生气不划算，伤了邻居间的和气更是不值得。”农夫羞愧地笑着说，似乎忘记了吵架的事情。

牧师十分高兴：“没关系，我几番拖延‘评理’的时间，就是为了给你们多一点时间控制你们的怒火，以后，最好不要在气头上做任何事情。”

无论什么情绪在刚开始的时候都是容易克制住的。当你开始觉得气愤、不愉快的时候，不妨尝试着延迟开口说话和反驳的时间，将“怒火”扼杀在摇篮里。当你生气时，请先不要发作，在心里数十个数，给理智一个和冲动竞争的机会后再开口；如果怒不可遏，那么就数到一百。然后，你会发现其实事情并没有我们想象中的那么糟糕。

刘强接手了一个新的项目，这个项目十分棘手，上级领导给的压力也很大。这让他一连几天都处在情绪很不稳定的状态，心里一把无名之火燃烧着没处发。当他看到手下团队成员提交的报告时，怒气终于爆发了。在他看来，那些报告根本就是垃圾，分析平庸、见解肤浅，毫无建设性，完全是在敷衍了事。他气得拿起办公桌上的烟灰缸狠狠砸在了地上，又把那摞报告书抓起来扔出门外。

刘强的行为把所有人的目光都吸引了过来，只见他唇角紧抿，脸色铁青。他手下的人都被吓坏了，个个缩头缩脑，大气都不敢出，生怕自己撞到枪口上。刘强看他们这样，忽然想到自己开会的时候，面对大老板的暴怒，他也只能闷声不吭地扛着。他顿时明白了，这时发脾气只能进一步打击下属的工作积极性，对解决问题毫无帮助。他告诉自己，必须控制住情绪，不能让自己发怒的丑态进一步暴露人前，更重要的是，不能让怒火成为别人工作的心理障碍，破坏团队的凝聚力。

他把嘴唇抿了又抿，阻止自己的怒火喷发，当他感到按捺不住的时候，一下子从桌前站起来——这一瞬间他仿佛看到几个下属轻微地打了个哆嗦——大步流星地走了出去，他径直走到公司楼下的草坪上，在花丛边上停了下来，狠狠地做了几次深呼吸，终于好受了一些。他对压住了怒火的自己感到满意，开始一边走动一边放松身体，然后尽量把事情往好的一面想。一刻钟之后，刘强恢复了平常的状态，一身轻松地回到了办公室，把之前的报告重新看了一遍，而这一次，他竟然发现它们似乎并没有想象中的那么差，其中甚至有好几个建设性意见。好在刚才没让怒气彻底爆发，他为自己感到庆幸。

此后，每当工作压力过大，情绪不稳，刘强就会抽出一段时间专门用来放松自己，去附近的公园走一走，一边散步一边深呼吸，试着让内心恢复平静，以免失控的情绪蒙蔽自己的判断力。从那以后，刘强再也没有像上次那样气得砸东西，他的团队工作效率似乎也在好转，他可以明显地感觉到，他们工作时的气氛比从前更活跃、更积极了。而更令人高兴的是，刘强发现，控制怒气刚开始很困难，后来却变得很简单，当他有意识地调整自己的情绪，感到愤怒的时机就越来越少——现在他几乎忘记了怒不可遏是什么感受了。

愤怒是一种人性弱点，而不是所谓的勇气。所谓“小不忍则乱大谋”，一旦愤怒爆发，我们将后悔莫及。因为其造成的伤害，我们倾尽一生可能都无法弥补。所以，我们要学会克制愤怒，在怒发冲冠的时候及时踩一脚“急刹车”。这个踩急刹车可以是保持距离、冷静思考，也可以是听听音乐、看看电影，总之方法多种多样，关键在于我们有没有意识去运用。

气愤时，请别做任何决定

人的感情是很复杂的，且不容易控制，很多时候，人们常常由于冲动做出一些不理智的事情，结果后悔莫及。根据心理学家的测算，人们在气愤时做出的决定，85%以上是错误的，而在正确的15%中，还有10%是因为运气好。所以，在愤怒的时候，我们尤其要注意克制，别让自己在情绪失控的时候做蠢事。

早年，在美国阿拉斯加州的一个村庄，有一对相爱的年轻人结婚了。

后来女人因难产而死，留下了一个孩子。男人忙着挣钱生活，精力有限，急需找个人来帮忙照顾孩子，可是凭他微薄的薪水也雇不起用人，亲戚朋友又都不在身边，于是他训练了一条狗，希望那条狗替他看一看小孩。那狗很聪明也很听话，好像主人的意思它全明白一样，照顾起小孩来比一个用人都强，既能咬着奶瓶喂奶给孩子喝，又能在主人不在家时陪孩子玩。

有一天，男人因有事要出门，留这条狗在家照顾孩子，临走前再三嘱咐它，一定要把小宝宝看好。狗像听懂了他的话一样，“汪汪”叫了两声，表示遵命。男人很放心地走了。到了别的乡村，因遇大雪，当天不能回来。

第二天赶回家，狗立即闻声出来迎接主人。年轻人把房门打开一看，大吃一惊，所见之处，一片血淋淋的，地上是血，床上也是血，孩子不见了，只有狗耷拉着长舌头卧在身边，满嘴也是血，男人看到这种情形，脑子里第一个想法就是：狗的兽性发作，把孩子吃掉了。盛怒之下，他拿起刀来向着狗头一劈，把狗杀死了。之后，他也无力地瘫坐在地上，欲哭无泪。就在此时，忽然听到孩子的声音。男人心头一热，还没反应过来怎么回事，见他的小宝宝已经从床下爬了出来，身上也带着血。男人赶快抱起孩子，看看孩子有没有受伤，从上到下看了个遍，小宝宝身上有血却没有受伤，他也放了心。

但他很奇怪，不知究竟是怎么回事。再看看狗，腿上的肉没有了，床旁边有一只死去的狼，嘴里还咬着狗的肉。男人一下子全明白了：狗冒着生命危险救了小主人，并在与狼的搏杀中，将狼咬死，谁知却被主人误杀了。

人在生气的时候意志是最薄弱的，也是最易失去理性的，从而减弱对事物的判断力，在这个时候我们做出的决定，一般都是错误的。就像故事里的男主人公，一时冲动，杀了忠诚的狗，事后追悔莫及。所以，愤怒的时候，尽量不要做决定。我们一旦在这时决心去做某些事情，后果很可能是我们无法承受的。

毕达哥拉斯说过："愤怒始于愚蠢，终于懊悔。"几乎所有的恶性事件都是因为生气的时候做了一个不理智的决定。几乎所有的犯罪分子在接受审讯时都会后悔，愤怒会让我们承受生活不能承受之重。人在极度愤怒时，总会想方设法地发泄，而带有毁灭性质的行为最能达到发泄的目的。当被上司辱骂的时候，我们可能觉得以一副"此处不留爷，自有留爷处"的傲慢态度，把辞职信拍在上司办公桌上的行为很解气，其结果是我们丢掉了一份维持生计的工作；当朋友误解我们的时候，我们会觉得提出"老死不相往来"的要求，是对对方最大的惩罚，但其结果是我们失去了来之不易的友谊。愤怒时所做的决定让我们在情绪得到宣泄的同时，失去了更宝贵的东西。所以，为了不使自己走极端，尽量不要在生气时做任何决定。

一对新婚夫妇生活贫困，一天，男人去外地打工。他找了一份工作，并要老板答应他一个请求："请允许我在这里想干多久就干多久，当我觉得应该离开时，您要放我走。我离开那天，您再把我赚的钱给我。"双方达成了协议。

男人在那里整整工作了20年，中间没有休假。他回家时老板给了他一条忠告："永远不要在仇恨和痛苦的时候做决定，否则你以后一定会后悔。"老板接着说，"这里有三个面包，两个给你路上吃，另一个等你回家后和妻子一起吃吧。"

在离开自己深爱的妻子和家乡20年之后，男人踏上了回家的路。经过长途跋涉后，终于在一天的黄昏时分，他远远地望见了自己的小屋。屋子的烟囱正冒着炊烟，还依稀可见妻子的身影，虽然天色昏暗，但他仍然看清了妻子不是一个人，还有一个男子伏在她的膝头，她抚摸着他的头发。看到这一幕，他的内心充满了仇恨和痛苦，他想跑过去杀了他们，他深吸一口气快步走了过去，这时他想起了老板的忠告，于是停了下来。

天亮后，已恢复冷静的他对自己说："我不能杀死我的妻子，我要回到老板那里，求他收留我，在这之前，我想告诉我的妻子我始终忠于她。"

他走到家门口敲了敲门，妻子打开门，认出了他，扑到他怀里紧紧地抱住了他。他想把妻子推开，但却没有那样做。他眼含泪水，对妻子说："我对你是忠诚的，可你却背叛了我……"妻子吃惊地说："什么？我从未背叛过你，我等了你20年。"他说："那么昨天下午那个男人是谁？"妻子说："那是我们的儿子。你走时我刚刚怀孕，今年他刚好20岁。"

丈夫走进家门，拥抱了自己的儿子。在妻子忙着做晚饭的时候，他给儿子讲述了自己的经历。接着，一家人坐下来一起吃面包，他把老板送的面包掰开，发现里面有一笔钱——那是他20年辛苦劳动赚来的工钱。

试想，如果上例中的这个丈夫一看到妻子和另一个男人在一起便动手杀人的话，那岂不是要后悔终生？当我们愤怒时，要先冷静下来，不然很容易就会因为愤怒干出蠢事。我们要常常告诫自己不要生气。如果一时没有克制住，怒火熊熊燃烧了起来，那就努力忍耐，先不要急于寻求解决问题的方法或途径，而是适当地转移一下注意力，等心平气和后再做决定。

在生活中，每个人可能都因生气而做出过错误的决定。如果你不曾被错误的决定所伤害，那要感到庆幸，但幸运不会永远垂青你。所以要想把握自己的一生，使之不偏离轨道，就请时时刻刻记住这句话——在生气的时候，不要做任何决定！

别在浮躁中迷失方向

在竞争激烈的社会中生存，每个人都很容易被种种烦恼所困扰，一旦无法排解，心便会浮躁起来。有时候，你越是急躁，在错误的思路中陷得就越深，就越难取得成果。心态浮躁犹如作茧自缚，最后让浮躁毁了自己。

从前，有一个年轻人想学武术。于是，他就找到一位当时武术界最有名的老者拜师学艺。老者把一套拳法传授于他，并叮嘱他要刻苦练习。

一天，年轻人问老者："我照这样学习，需要多久才能够成功呢？"老者说："10个月。"年轻人又问："我晚上不去睡觉来练习，需要多久才能够成功？"老者答："10年。"年轻人吃了一惊，继续问道："如果我白天黑夜都用来练拳，吃饭走路也想着练拳，又需要多久才能成功？"老者微微笑道："那你今生就与拳法无缘了。"

年轻人愕然……

年轻人练拳急于求成，反而延长了取得成功的时间，这就是浮躁的负面影响。这个故事警醒我们：要想做成事，满脑子只想去寻找一条终南捷径而没有一份脚踏实地的平淡与从容是不行的。

浮躁是成功、幸福和快乐的绊脚石，是人生最大的敌人。一个人如果浮躁，就容易变得焦虑不安或急功近利，最终会失去自我。

浮躁给人带来的危害是很大的。浮躁的人自我控制力差，容易发火，不但影响学习和事业，还影响人际关系和身心健康。

有一位刚刚毕业的大学生，因没有考上研究生不知道何去何从，又因担心即将去一个人才济济的大公司任职的女朋友移情别恋而终日郁郁寡欢，当别的同学都主动去联系工作单位时，他却天天混在宿舍里，只知道借酒消愁，还经常和同学争吵，任何事情都没耐心地去做，整天浮躁不安。

后来，在女朋友的劝说下，他去看了心理医生。心理医生了解了他的情况后对他说："你见过章鱼吧？章鱼在大海中，本来可以自由自在地游动、寻找食物、欣赏海底世界的景致、享受生活的情趣，但它却会找到珊瑚礁，伸出八条腕，牢牢地攀住珊瑚礁，然后动弹不得、焦躁不安，让自己陷入绝境。其实，困住章鱼的是它自己的手腕，而不是珊瑚礁！"心理医生用故事的方式引导他思考，并提醒他，"我想，此时的你很像一只章鱼。你如果想从浮躁中走出来，就一定要松开你的'腕'，用它们自由游动，这样你才能积极地去争取人生的成功与幸福。"

有一位社会学家这样说道："浮躁的心态是要不得的，一旦所需要的东西不能实现，人便会焦躁、烦恼。"所以，不要因外界的纷纷扰扰而自乱阵脚，乱了自己生活的节奏，更不要心生烦躁、忧虑、焦灼，要保持你内心的宁静。

有一位德国考古学家，为了找寻古印加帝国文明的遗迹，不远万里来到南美的丛林中。他雇用了一些当地的土著人作为向导及挑夫，在一行人浩浩荡荡地朝着丛林的深处行进的过程中，总是考古学家先喊着需要休息，所有的土著人才只好停下来等候他。

那些土著人的脚力确实过人，尽管他们背负笨重的行李和器材，仍是健步如飞。考古学家虽然体力跟不上，但也希望能够早一点到达目的地，一偿平生的夙愿，好好地研究一番古印加帝国文明的奥秘。

到了第四天，考古学家一早醒来，便立即催促着打点行李，准备上路。不料，翻译却说土著人拒绝出发。

这令考古学家恼怒不已。经过详细的沟通，考古学家了解到，这里的土著人自古以来便流传着一种神秘的习俗，在赶路时，皆会竭尽所能地拼命向前冲，但每走上三天，便需要休息一天。

考古学家对这习俗产生了强烈的好奇，他通过翻译询问向导，为什么在他们的部族中，会留下这么耐人寻味的休息方式。向导很庄严地回答考古学家的问题，道："那是为了让我们的灵魂能够追得上我们赶了三天路的疲惫身体。"

考古学家听了向导的解释，心中若有所悟，沉思了许久，终于展颜微笑。他认为，这是他这一趟考古旅行中，最有价值的一项收获。

事情往往就是这样，你越着急，你就越不会成功。因为着急会使你失去清醒的头脑，结果在你奋斗过程中，浮躁占据着你的思维，使你不能正确地制订方针、策略以稳步前进。所以，我们只有正确地认识自己，才不会盲目地让自己奔向一个超出自己能力范围的目标，才会踏踏实实地去做自己能够做的事情。

其实，在这个千变万化的世界中，人人都有过浮躁的心态，这也许只是一个念头而已，一念之后，人们还是该做什么就做什么，不会迷失方向。然而，当浮躁使人失去对自我的准确定位，使人随波逐流、盲目行动时，就会对家人、朋友甚至社会带来一定的危害。这种心浮气躁、焦躁不安的状态，往往是各种心理疾病的根源，是人生的大敌。无论是做企业还是做人都不可浮躁，一个企业如果浮躁，就会无节制地扩展或盲目发展，最终失败；一个人如果浮躁，就容易变得焦虑不安或急功近利，最终迷失自我。

对于渴望成功的人，应该记住：你着急可以，切不可以浮躁。成功之路，艰辛漫长而又曲折，只有稳步前进才能坚持到终点，赢得成功；如果一开始就浮躁，那么，你最多只能走到一半的路程，然后就会累倒在地。

因此，一个人只有平静了浮躁，他才会吃得了成功路上的苦，才会有足够的毅力一步一个脚印地向前迈步，最后走向成功。人只有平心静气，才不会因为各种各样的诱惑而迷失方向。

驾驭你的情绪，而不是被它所驾驭

每个人都有情绪，也都有理智。但是一旦控制不了情绪，人的理智就会被情绪埋没了。在被情绪埋没的理智之下，所做的事情往往都是人们非常后悔的事。古语说：“喜时之言多失信，怒时之言多失礼。”人一旦失去理智，情绪就会像是一匹脱了缰的野马一样不停地狂奔。

有一位美国经理负责管理印度尼西亚的海洋石油钻井台，一天，他看到一位印尼雇员工作表现比较糟糕，就怒气冲冲地对这位雇员说：“搭下一班船滚！”这句粗话使这位印尼雇员的自尊心受到极大伤害，他被激怒了，二话不说，抄起一把斧子，就朝经理杀来。经理见状大惊，连滚带爬地从井架上逃到工棚里。那位雇员紧追不舍，追到工棚，恶狠狠地砍倒了大门。这时，幸亏钻井台的人及时赶到，力加劝阻，才避免了一场恶战和灾祸。

由于这位美国经理掌控不住情绪，不管三七二十一发泄一通，致使场面十分难堪。

米开朗琪罗曾说："被约束的力才是美的。"对于情绪来说也是如此，一个人的情绪如果不能得到有效的调控，那么，人就有可能成为情绪的奴隶，成为情绪的牺牲品，说出一些不合时宜的话，甚至伤害别人。所以当陷入消极情绪而难以自拔时，我们应有意识地用理智去控制。

某公交集团有一位出了名的售票员，大家都叫她王姐。她所服务的公交车创下了几十年没有乘客闹事、投诉的纪录。当被问到工作诀窍时，王姐腼腆地笑着说："我没有什么诀窍，就是脾气好而已。"

王姐经常向新参加工作的售票员讲述这样一个故事。在某年的十一黄金周，火车站客流量激增。每天坐公交车的人很多，售票员都要不住地劝说："门口的乘客请往里挪一挪！"又一次，在王姐服务的车上，车门关上的一刹那，突然跑来一位乘客。车门一关，那位乘客的脚就被夹在了门缝里。

王姐急忙开门，那乘客一上来就对司机火冒三丈地嚷："你是怎么开车的，人还没上完就关门，等着被投诉吧！"

车里的气氛顿时紧张起来，眼看一场唇枪舌剑就要爆发。然而，王姐的举动却出乎所有人意料，她走到这位乘客身边，态度和善地道歉："非常抱歉，由于我们的失误让你受伤了。"

那乘客还是不依不饶，不但占用了王姐的售票员专用坐，还一定要王姐在下一站带他去医院检查。面对乘客的无礼行为，王姐没有生气，依旧和颜悦色地说："请您谅解，等我跑完这趟之后，就立马陪您去医院！"

一路上，王姐不停地询问乘客的伤势。等到站时，那位乘客有些激动地说："其实，我的脚一点问题都没有，只是一时生气想发泄一下。你态度这么好，我就不为难你了。谢谢你的服务，下次见吧。"

在与乘客的沟通中，王姐成功地控制住了自己的脾气，看似处于被动地位，其实事事主动。没有人在和气的糖衣炮弹下不屈服的，也没有烦恼不会融化在和颜悦色中。所以，正因为王姐成功地操控了自己的情绪，才操控了整个车厢的气氛。如果王姐没有和颜悦色地安抚乘客，结果可想而知，这位愤怒的乘客肯定会拨打投诉电话，王姐将会因此受到处罚。

看来，学会控制自己的情绪，对于每个人而言都是相当重要的，它是我们成功的前提，更是我们身心健康的保证。做自己情绪的主人，你会发现，掌控自己的情绪以后，所有的难题都能够轻松解决了。

能否驾驭自己的情绪是一个人心理素质的体现。有效地管理和调控自己的情绪，可以使人平心静气地面对不如意的现实。一个人如果能驾驭好他的情绪烈马，并以最佳的方式表达出来，那么他就会在别人心目中留下"沉稳、可信赖"的形象。虽然他不一定因此获得重用，但总比不能控制自己情绪的人要好得多。

在生活中，每当你发脾气时，你应该分析所有使你愤怒的原因，并采取一些积极有效的措施来控制自己的情绪。

那么我们应该如何驾驭自己的情绪呢？

1. 保持理智，遇事冷静

在处理突发事件时，有些人总是火气很大，认为嗓门大才能把其他人压住。可实际上效果却恰恰相反。你声嘶力竭地吼叫，有些人根本不放在眼里。所以，遇到事情时先冷静下来，再考虑下一步对策。

遇事能保持冷静、态度温和、心情平静，在人生道路上万事顺意，这是所有人都向往的。在现实生活中，“理智”就像夏日吹来丝丝的凉风，冷却我们发热的大脑。理智能让我们狂乱的思想变得有条不紊。理智是成功处理问题的关键。

2. 凡事要想长远，顾及后果

时刻以大局为重，以友谊为重，把个人的利益、荣辱放在次要地位，这种品质往往能帮助人成就一番事业。

3. 加强自我修养，通达事理

成熟的人能够通过自己的努力来调节自己的气质。思想修养愈好，自觉调节气质的能力就愈强，遇事就可以站在更高的角度来思考。

4. 保持良好的心境，排除不良情绪

应避免因身体不适或疾病而影响心情。当心情好的时候，即使别人把自己一件心爱的东西弄丢，也不会发怒；心情不好时，别人友好地问个路，也会不耐烦。

一位哲人说过：“不善于驾驭自己情绪的人总会有所失。”如果我们想要生活幸福，我们不仅需要知道自己的不良情绪根源在哪儿，也需要学习驾驭情绪的方法，这一点非常的重要。

微笑比愤怒更有力量

笑声和愤怒互相排斥，没有人能够在笑容满面的同时大动肝火。

飞机起飞前，一位乘客请求空姐给他倒一杯水吃药。空姐很有礼貌地说："先生，为了您的安全，请稍等片刻，等飞机进入平稳飞行状态后，我会立刻把水给您送过来，好吗？"

15分钟后，飞机早已进入了平稳飞行状态。突然，乘客服务铃急促地响了起来，空姐猛然意识到：糟了，由于太忙，忘记给那位乘客倒水了。空姐连忙来到客舱，小心翼翼地把水送到那位乘客跟前，面带微笑地说："先生，实在是对不起，由于我的疏忽，延误了您吃药的时间，我感到非常抱歉。"这位乘客抬起左手，指着手表说道："怎么回事？有你这样服务的吗？你看看，都过了多久了？"空姐手里端着水，心里感到很委屈。但是，无论她怎么解释，这位挑剔的乘客都不肯原谅她的疏忽。

在接下来的飞行途中，为了补偿自己的过失，空姐每次去客舱给乘客服务时，都会特意走到那位乘客面前，面带微笑地询问他是否需要水，或者别的什么帮助。然而，那位乘客余怒未消，摆出一副不合作的样子，并不理会空姐。

临到目的地前，那位乘客要求空姐把留言本给他送过去。很显然，他要投诉这名空姐。此时，空姐心里虽然很委屈，但是仍然不失职业道德，显得非常有礼貌，而且面带微笑地说道："先生，请允许我再次向您表示真诚的歉意，无论您提出什么意见，我都将欣然接受您的批评！"那位乘客脸色一紧，嘴巴准备说什么，可是却没有开口。他接过留言本，在上面写了起来。

飞机安全降落。所有的乘客陆续离开后，空姐打开留言本，惊奇地发现，那位乘客在本子上写下的并不是投诉信，而是一封热情洋溢的表扬信。

是什么使得这位挑剔的乘客最终放弃了投诉呢？在信中，空姐读到这样一句话："在整个过程中，你表现出的真诚歉意，特别是你的十二次微笑，深深打动了我，使我最终决定将投诉信写成表扬信！你的服务质量很高。下次如果有机会，我还将乘坐你们这趟航班！"

由此可见，微笑是一种武器，是一种寻求和解的武器。微笑能将怒气挡在对方体内，阻止对方的进攻。无论是在生活中，还是在工作中，只要你不吝惜微笑，往往就能够左右逢源、顺心如意。这是因为微笑是体现自己友善、谦恭、真诚的美好的感情因素，是向他人发出的理解、宽容、信任的信号。

每当遇到不公平的待遇或不合理的评价时，我们心中难免会燃起怒火，但发脾气只会让事情更糟，自己更生气。与其这样，不如微微一笑，既安慰了自己的内心，又化解了尴尬的处境。

她出身于书香门第，祖父母是工程师，父母是大学教授，良好的家教和生长环境给了她温婉大气的性格，很少与人斤斤计较。在她的潜意识里，女人要活出一份高贵来，不管家境如何，不论像貌如何，都要保持形象和尊严。这一点她始终铭记于心，只是身为独生女的她，从小到大备受呵护，没受过什么委屈，骨子里也难免有一点任性和高傲。

研究生毕业后，她到一家公司做设计师。一次，公司开会讨论设计方案的时候，她兴致勃勃地把自己的设计方案展示出来时，领导却皱了皱眉头，说："这个方案不错，只是跟筱欧之前的设计很像，她的方案已经通过了。所以，只能麻烦你再修改一下，不要让客户觉得，我们公司设计的产品风格太雷同。"

她听完之后，脑子瞬间空白，片刻之后才恢复理智，她心想："怎么可能呢？这个设计方案，我从半个月前就开始准备了，难道是……"

她突然想起，自己曾无意间给筱欧看过初稿。尽管当时是未成形的东西，可是框架和思路很清晰。

她明白了，是筱欧窃取了她的创意。换作别人，也许她还能忍受，可偏偏是筱欧！自己平日里待筱欧不薄，还托朋友替她妹妹找过工作。筱欧你怎么可以这样？她咽不下这口气，怒气和失望交织在一起，搅得她心烦意乱。

午饭时，办公室里的同事陆陆续续都出去了，只剩下她和筱欧。情绪失控的她，一改往日的温和，用冷嘲热讽的语气说起话来："难怪别人都说，有人的地方就有江湖，职场里没有真朋友。我欣赏那些直截了当的人，最看不起背地里放冷箭的阴狠小人。我要是男人，也得离这样的女人远点，不知道哪天她就把枕边人算计了。"她知道筱欧刚刚离婚，说这番话最刺痛她的心。果然，筱欧忍不住了，冲着她嘶吼起来。一场唇枪舌剑开始了。

她气得没吃午饭，又以身体不适请了半天假。这股愤怒，直到傍晚才渐渐消退。她坐在房间里，回想今天发生的事，突然觉得有点懊悔："羞辱筱欧一番，直戳人家的伤心处，有这个必要吗？今天实在太失态了！"越回忆自己在办公室里尖酸刻薄的样子，她的脸越是发烫，闹得如此尴尬，今后如何在公司里相处？

第二天，筱欧没有来公司。她在网上给筱欧留言："对不起，筱欧。我为自己昨天无礼的言行，向你道歉。关于设计方案的事，可能是我弄错了，创意这东西有时的确会出现雷同，我不该那么鲁莽地指责你。请原谅。"

临近下班时，她收到了筱欧的回复："我想，该说对不起的人是我。那份设计，的确是我抄袭你的。前一段时间，因为私人问题，我真的没心思工作，脑子里乱七八糟的，所以才会做出有悖职业道德的事，请你原谅。我昨天已经跟头儿说明了情况，也交了辞呈。不过说真的，昨天是第一次看见你生气，还真的有点吓人呢！我还是喜欢那个微笑的你。”

对于筱欧的离开，她觉得很遗憾。如果昨天能平心静气地跟筱欧谈谈，也许就不会弄成现在这个样子。事已至此，后悔无用。过去总以为自己够有修养，够有内涵，可现在看来，还差得很远。通过这件事，她也明白了一点：生活中，再烦也要保持微笑，再急也别乱发脾气。

“当生活像一首歌那样轻快优美时，笑颜常开就并非难事了，而在愤怒中仍能保持微笑的人，才活得有价值。”这是威尔科克斯曾说过的名言。如果在实际生活中我们能保持一种微笑的心态去面对自己或他人的愤怒，那么再大的怒火也能被浇灭。

第二章

不因得失而消极，从容学会拿得起与放得下

患得患失让人筋疲力尽

“宠辱不惊，看庭前花开花落；去留无意，望天上云卷云舒”。这是一种禅的境界，也是平常心的体现。一张一弛，文武之道。人生会有得意的时候，也会有失意的时候，得意的时候我们要坦然，失意的时候我们要淡然。只有这样，我们的人生才不会太累。

然而，人总是因为失意而愤懑，因为麻烦而烦躁不安，总是纠缠于得到和失去之间，得不到半分安宁。其实，“得”有何欢？“失”有何悲？得失更替，人生才能称之为精彩。

有个商人发了一笔小财，他高兴得不得了，于是逢人便说自己赚了多少钱，可是后来他又十分后悔，怕自己把这件事说出去后，有人去偷金子，所以他每日担心，每夜难以入睡。于是他就在墙脚处挖了一个洞，把金子放在那里，而且每天都要看一次。由于他总是去那里，渐渐地还是引起了别人的注意，小偷终于趁他不备偷走了金子。这位商人见金子不见了，于是他放声大哭起来。邻居见他如此难过，就纷纷地安慰他说：“金子埋在那里不用，和石头没什么区别，这样吧，你再埋一块石头在那里，拿它当金子不就行了吗？”于是，这位商人才停住了哭声。

人生的得与失，有的时候只在于一念之间。如果太过于计较，那么你就会背上精神的枷锁，同时也会迷失了真心，而生出烦恼；如果看开得失，你就能远离浮躁，走出情绪阴影，活得洒脱、自在。

65岁的刘阿姨为人大方热情，退休后在家无事，就在儿女的鼓励下参加了小区的老年广场舞队。从此，刘阿姨深深地爱上了广场舞，将全部心血都倾注在了广场舞队上。只要舞队有活动，刘阿姨就全力支持。随着跳广场舞的人数的增加，广场舞队需要有一个队长来管理、购置服装道具等日常事务。刘阿姨认为自己一定会被推举出来担任队长一职。首先，自己对广场舞队的事情最为热心，现在大家用的新音响还是她出钱让儿子购买的。另外，她在跳舞上非常有天赋，一学就会，还经常指导他人。刘阿姨对队长这个职务也非常憧憬。她积极地报名、宣传、写申请，甚至还到舞伴家里去游说，像着了魔一样。

公开投票那天，刘阿姨盛装出席，满怀期待地等着结果。可是，当票数统计出来后，刘阿姨落选了，以整整十票之差落选给从来没被她列入考虑范围的男舞伴。刘阿姨原本的满面春光消失得无影无踪，顿时火冒三丈。她认为队友们不能忽视她多年来对广场舞队的付出，决定站出来和大家理论一番。可是，她刚说出“我很生气”四个字时，就不省人事了。幸亏被紧急送往医院抢救，刘阿姨才得以脱离生命危险。经医院诊断，刘阿姨突然晕倒是情绪过分激动引发脑出血所致。

刘阿姨这次与死神的近距离接触，完全是得失心太重造成的。当她觉得自己的付出没有得到应有的回报时，就怒不可遏。而巨大的情绪波动，造成了严重的气血上涌，脑部毛细血管难以承受压力发生破裂。倘若刘阿姨能够意识到人生不会事事顺心，坦然接受投票结果，就不会遭遇这无妄之灾。

生活中有很多人都十分看重个人的得失，这类人整天笼罩在患得患失的阴影中，内心纠结，惴惴不安，也正是因为这种患得患失的心理，所以活得很辛苦，压力很大。

患得患失是人们比较常见的心理问题，人生总是有得有失，这本是无可厚非的，但如何正确对待个人得失，却是我们应该深思和慎重考虑的。面对得失就应当保持豁达的心态，既不要在得到时喜不自胜，也不要在失去时悲痛欲绝。能够正视得失，对你的人生观会很有帮助。

我国著名人口学家马寅初先生就是一个宠辱不惊、从容淡定的人。

当年，马老因“新人口论”遭遇无端的批判，并被撤销北大校长职务。那天，他正在家里“接受隔离审查”，他的儿子从外面回来，说：“爸，你被撤职了！”

马寅初当时正在看一本书，淡淡地答了一声：“噢！”十几年后，国家为马寅初先生平反昭雪，又恢复了他北大校长一职。他的儿子又从外面回来，告诉他：“爸，你官复原职了！”他当时也是在看一本书，也同样淡淡地答了一声：“噢！”

视荣辱为等闲，置得失为莞尔，此为何种心态。这就是我们所说的从容淡定，也就是那种持久的心理定力。这种定力，不是天生就具备的，它需要接受心灵的修炼，既包括意志、信念的修炼，也包括品行、人格的修炼，甚至还包括心灵的磨难。在马寅初眼里，没有得意，没有失意，有的是对自我的肯定，淡淡地来，淡淡地去，换来的是对人生、对社会的宽容和不苛求，得到的是自己内心的宁静和有条不紊。

“得之坦然，失之淡然”是一种心境，是面对一切的不计较，无论是金钱、名利，还是地位。人生之路并不都是充满阳光的鲜花大道，有时也会有沟沟坎坎、磕磕绊绊，许多的成败得失，并不都是我们能预料到的，也不是我们能够承担得起的，但只要我们努力去做，求得一份付出后的坦然，得到的也会是一种快乐。

得失常在，贵在平衡。以平常心态看待我们日常生活中遇到的得与失，就能在得与失之间做到心态平衡。

看得开得失，才是真正的智者

人的一生仿佛就是得失的轮回，得失就像是一对跳跃的、充满灵性的音符，不停地编织着人生乐章中每一个悠扬的旋律。生活中，有得必有失，有失也必有得。只有从来没有的东西，才永远不会失去。“百得会有一失，百失也会有一得”，这句话虽谈不上是至理名言，但也从一个侧面说明了得与失相互转化的关系。

一位成功人士对得失有非常深刻的认识，他说：“得和失是相辅相成的，任何事情都会有它的正反两个方面，也就是说凡事都在得和失之间同时存在，在你认为得到的同时，其实在另外一方面可能会有一些东西失去，而在失去的同时，也可能会有一些你意想不到的收获。”

小刘是生活在大城市的打工者，为了维持生计，他每天都要工作十二个小时，奔波于城市的各大超市之间。一天早晨，天刚蒙蒙亮，小刘就出发了。他的心情特别好，因为今天送完货，超市就会给他结账。

小刘在一家超市门前停好小货车之后，就开始往超市搬货物，这家超市的货物又多又杂，他搬得满头大汗。超市管理人员要求小刘把瓶装的鲜牛奶都一箱箱排成一面墙。小刘认为这样很危险，牛奶或许会被打碎。管理人员不听小刘的意见，固执地要求小刘按他的要求摆放。小刘只好照做。就在小刘回头去搬最后一箱牛奶时，超市保洁人员拖地时碰到了“牛奶墙”，几箱牛奶掉了下来。喧闹的超市顿时安静了下来，人们都在等待着管理人员和小刘的反应。管理人员“不负众望”开始推卸责任，对着小刘大吵大闹，并决定扣掉小刘的部分货款。小刘很平静地向管理员道歉，并表示同意管理员的决定。他默默地搬完最后一箱牛奶后，拿出塑料袋把还能收集起来的牛奶装进袋子里了。

超市保安看着用牛奶喂流浪猫的小刘非常疑惑：“明明是我们经理的错，你为什么不和他争辩呢？几箱牛奶好几百块钱，你要工作好几天才能赚回来呢。”

小刘说：“经理认定要扣除我的货款，我争辩有什么用呢？再说，我一争辩就会失去最大的客户。我觉得赔几箱牛奶钱也没有什么。你看看，这些猫吃饱喝足的样子多可爱，我也收获了快乐。”

小刘无疑是睿智的男人。他把生活中的荣辱得失看得非常淡，因此打破牛奶的损失、管理人员的不公平待遇都不会影响他的好心情。反之，他还能从流浪猫享受牛奶中得到快乐。世间万物就是这样，只要你从容、淡定，就没有事情能够伤害到你，你的生活就会充满欢乐。

生活中往往有得就有失，得到和失去都是暂时的，而且还是一种偶然，以豁达的眼光看待云卷云舒、潮起潮落，以平静的心态对待工作和生活，才是每个人值得追求的真谛。

有一个富翁，在一次大生意中亏光了所有的钱，并且欠下了债。他卖掉房子、汽车，才还清了债务。

此刻，他孤独一人，无儿无女，穷困潦倒，唯有一只心爱的猎狗和一本书与他相依为命，相依相随。在一个大雪纷飞的夜晚，他来到一座荒僻的村庄，找到一个避风的茅棚。他看到里面有一盏油灯，于是用身上仅存的一根火柴点燃了油灯，正当他拿出书来准备读书时，一阵风忽然把灯吹熄了。

这位孤独的老人陷入了黑暗之中，他对人生感到绝望，他甚至想到了结束自己的生命。但是，趴在身边的猎狗给了他一丝慰藉，他无奈地叹了一口气沉沉睡去。

第二天醒来，他忽然发现心爱的猎狗也被人杀死在门外。抚摸着这条相依为命的猎狗，他突然决定要结束自己的生命，世间再没有什么值得留恋的了。于是，他最后扫视了一眼周围的一切。这时，他不由发现整个村庄都沉寂在了一片可怕的寂静之中。他不由急步向前，啊，太可怕了，尸体，到处是尸体，一片狼藉。显然，这个村昨夜遭到了匪徒的洗劫，整个村庄除了自己一个活口也没留下来。

看到这可怕的场面，老人不由心念急转：我是这里唯一幸存的人，我一定要坚强地活下去。此时，一轮红日冉冉升起，照得四周一片光亮，老人欣慰地想：“我是这里唯一的幸存者，我没有理由不珍惜自己。虽然我失去了心爱的猎狗，但是，我得到了生命，这才是人生最宝贵的。”

老人怀着坚定的信念，迎着灿烂的阳光又出发了。

从这个故事中我们可以得到这样的感悟：人的一生，总在得失之间，在失去的同时，也往往会另有所得，只有认清了这一点，才不至于因为失去而后悔，才能生活得更快乐。

俗话说：“万事有得必有失。”得与失就像小舟的两支桨、马车的两只轮，得失只在一瞬间。失去春天的葱绿，却能够得到丰硕的金秋；失去青春岁月，我们才能走进成熟的人生……失去，本是一种痛苦，但也是一种幸福，因为失去的同时也在获得。

保罗在一家夜总会里做事，收入不多，然而，他总是过着非常快乐的生活。

保罗很爱车，但是，凭他的收入买一辆车是不可能的事情，与朋友们在一起的时候，他总是说：“我要是有一辆车该多好啊！”眼中尽是无限向往之情。

后来有人说：“你去买彩票吧，中了大奖就可以买车了！”

于是保罗买了两块钱的彩票。可能是上天过于垂青他，朋友们几乎不敢相信，保罗果真中了大奖。

保罗终于实现了自己的愿望，他买了一辆车，整天开着车兜风，夜总会去得也少了，许多人看见他吹着口哨在林荫道上行驶，车子擦得一尘不染。有一天，保罗把车泊在楼下，半小时后下楼时，发现车被盗了。

刚开始时，保罗有些遗憾，但更多的是气愤，他恨透了那个偷车贼。他晚上思考了很久，第二天早晨，他又变得很开心了。

朋友们想到他那么爱车如命，那么多钱买的车，眨眼工夫就没了，都担心他受不了，就相约来安慰他。

保罗正准备去夜总会上班，朋友们说：“保罗，车丢了，你千万不要悲伤啊！”

保罗却大笑起来："嘿，我为什么要悲伤啊？"

朋友们互相疑惑地望着。

"如果你们谁不小心丢了两块钱，会悲伤吗？"保罗说。

"那当然不会！"一个朋友说。

"是啊，我丢的就是两块钱啊！"保罗笑道。

在人生的漫长岁月中，我们都会面临无数的选择。这些选择可能会使我们的生活充满无尽的烦恼和难题，使我们不断地失去一些我们不想失去的东西。但是，同样是这些选择却又让我们在不断地获得，我们失去的也许永远无法得到补偿，但是我们得到的却是别人无法体会到的独特的人生。所以，面对得与失、顺与逆、成与败、荣与辱，要坦然待之，凡事重要的是过程，对结果要顺其自然，不必斤斤计较、耿耿于怀，否则自己会活得很累。

学会放下，让人生变得轻盈

心中的包袱和身上的包袱一样，都会让我们不堪重负。拿得起放不下，只会给我们平添无数烦恼。

人生在世，总会遇到很多诱惑与磨难，有些烦恼也是人之常情。但有的时候，诱惑与磨难已经过去，很多人却还陷于其中，无休止地为之烦恼。有的人认为自己是舍得的，也放下了，可是放下了却想不开，仍是没有放下。

所谓“放下”，不只是行动上、口头上要放下，更重要的是，心里要放下。

有这样一个故事：

一天早上，妈妈正在厨房清洗早餐的碗碟。她有一个4岁的小孩子，自得其乐地在沙发上玩耍。

不久之后，妈妈听到了孩子的哭啼声。究竟发生了什么事呢？妈妈还没有将手抹干，就冲到客厅看孩子。

原来，孩子的手插进了放在茶几上的花瓶里。花瓶是上窄下阔的一款，所以，他的手伸了进去，但抽不出来。妈妈用了不同的办法，想把孩子卡着了的手拿出来，但都不得要领。

妈妈开始焦急，她稍为用力一点，小孩子就痛得叫苦连天。在无计可施的情况下，妈妈想了一个下策，那就是把花瓶打碎。可是她稍有犹豫，因为这个花瓶不是普通的花瓶，而是一件价值连城的古董。不过，为了孩子的手能够拔出来，这是唯一的办法。最后，她忍痛将花瓶打破了。

虽然损失不菲，但孩子平平安安，妈妈也就不太计较了。她叫孩子将手伸给她看看有没有损伤。虽然孩子没有任何皮外伤，但他的拳头仍是紧握住似的无法张开。是不是抽筋了呢？

妈妈再次惊慌失措。

当孩子慢慢松开紧紧握住的拳头时，妈妈知道了：原来，孩子的手不是抽筋。他的拳头张不开，是因为他紧握着一枚硬币。他是为了拾这一枚硬币，所以手才卡在花瓶的口内。孩子的手抽不出来，其实，不是因为花瓶口太窄，而是因为他不肯放手。

人生是复杂的，有时又是简单的，甚至简单到只有取得和放手。应该取得的完全可以理直气壮，不该取得的则应毅然放手。取得往往容易心地坦然，而放手则需要巨大的勇气。每个人的人生都面临着一个永恒的课题——如何放手。

一位旅行者要过一条大河，既无桥可走，又没船可渡。于是，他就造了一排木筏，安全渡到了彼岸。旅行者心想：这排木筏对我帮助很大，何不带它走呢。结果背着笨重的木筏，他累得腰酸背痛，只好去求大师。大师说："过河时，筏有用；走路时，该放下。否则，它就成了累赘。"于是，他便放下木筏，轻松上路，开始新的旅行。

由此可见，放弃是一种审时度势、存精去粗的选择，放弃只是为了去掉前行路上的赘物，更轻快、更愉悦地迈向辉煌的顶点。只有学会了放弃，才能拥有一份安然祥和的心态，才会活得更加充实、坦然和轻松。

一位老人带着他的学生打开了一个神秘的仓库。这个仓库里装满了放射着奇光异彩的宝贝。仔细看，每个宝贝上都刻着清晰可辨的字纹，分别是：骄傲、正直、快乐、爱情……

这些宝贝都是那么漂亮，那么迷人，年轻人见一件爱一件，抓起来就往口袋里装。

可是，在回家的路上，他才发现，装满宝贝的口袋是那么沉。没走多远，他便累得气喘吁吁，两腿发软，脚步再也无法挪动了。

老人说："孩子，我看还是丢掉一些宝贝吧，后面的路还长着呢！"

年轻人恋恋不舍地在口袋里翻来翻去，不得不咬咬牙丢掉两件宝贝。但是，宝贝还是太多，口袋还是太沉，年轻人不得不一次又一次地停下来，一次又一次咬着牙丢掉一两件宝贝。“痛苦”丢掉了，“骄傲”丢掉了，“烦恼”丢掉了……口袋的重量虽然减轻了不少，但是年轻人还是感觉它很沉很沉，双腿依然像灌了铅一样重。

“孩子，”老人又一次劝道，“你再翻一翻口袋，看还可以丢掉些什么？”

年轻人终于把沉重的“名”和“利”也翻出来丢掉了，口袋里只剩下“谦虚”“正直”“快乐”“爱情”，一下子，他感到说不出的轻松和快乐。

但是当他们走到离家只有100米的地方时，年轻人又一次感到了疲惫，前所未有的疲惫，他真的再也走不动了。

“孩子，你看还有什么可以丢掉的吗？现在离家只有100米了。回到家，等恢复了体力还可以回来取。”

年轻人想了想，拿出“爱情”看了又看，恋恋不舍地放在路边。

他终于走回了家。

可是他并没有想象中的那样高兴，他在想着那个让他恋恋不舍的“爱情”。老人过来对他说：“爱情虽然可以给你带来幸福和快乐。但是，它有时也会成为你的负担。等你恢复了体力还可以把它取回，对吗？”

第二天，年轻人恢复了体力，沿着来时路拿回了“爱情”。他真是高兴极了，他欢呼，他雀跃。他感到了无比的幸福和快乐。这时，老人走过来抚摸着他的头，舒了一口气：“啊，我的孩子，你终于学会了放手！”

在生活中，我们应该学会放弃，而不要一味地索取。懂得放弃才会轻松快乐，背着包袱走路总是很累的。

人生有太多的诱惑，不懂得放弃，只能在诱惑的旋涡中无法自拔。人生有太多的欲望，不懂得放弃，就会在人生的道路上迷失方向。人生有太多的无奈，不懂得放弃，就只能与忧愁相伴。但愿我们都能学会放弃，学会选择我们的生活。

有舍有得，付出也是收获

佛经上说："舍得"者，实无所舍，亦无所得。万物循环往复，世事沧桑变幻，人生沉浮不定，均在舍得之中达到和谐统一。有舍才有得。在得与失之间，要做大胆的取舍，这是中华五千年古老智慧的精髓。

有这样一个故事：

有六个人一起去集市买水果，可惜的是只有一个人买到了六个苹果，而其他五个人却没有买到苹果。本来买六个苹果的人可以把所有苹果都吃掉的，但是他没有这样做，他只吃了其中一个。他放弃了吃剩余五个苹果的机会，而把它们让给了其他五个人，使每个人都有苹果吃。有人说他很傻，明明是自己的，为什么要分给其他人；也有人说他很聪明，用苹果收买人心。真是仁者见仁，智者见智。那么，他是怎样想的呢？后来，大家才知道他是这样想的："我虽然失去了五个苹果，但却换来了五个朋友的友谊。而当这五个朋友拥有水果的时候，他们也会主动与我分享。如果五个人每个人有不同的水果，我甚至还可以从不同的人手中得到不同的水果，这里一个梨，那里一个橘子。不仅能够尝到各类水果的味道，而且还赢得了友谊。可谓一举两得。”

细细想想，这种舍得的的确确是一种智慧。舍得舍得，有舍才会有得，小舍就小得。大舍就大得，不舍也就不得。舍与得之间，真的包含着很深的哲理。

在人生得失之间，其实不用苦苦计较，舍与得只是互为表里的一体两面，有舍才有得。有很多事，看起来是舍弃，实际上是收获。

某花农历尽艰辛培育出了一种新品郁金香，色泽艳丽，花冠硕大，香气袭人，一上市便成了抢手货，村里其余花农自叹不如。有人建议他申报专利，有人出天价买断他家的全部种苗，而他却召集全村花农，无偿赠送了每户一小包这种新品郁金香花籽，鼓励大家回去种。此后，这个村所有的花圃都开遍了美艳绝伦的郁金香，整个村成了超级大花市，外地客户纷至沓来，于是花农们都走上了富裕之路。有电视台记者问最初培养出新品的花农："为什么要放弃'垄断'地位，而去帮助其他花农？"他说："其他花农也帮助了我。再好的花也要靠蜂蝶来授粉，如果乡亲们花的品种不好，那么时间一长我的新品种就会慢慢被同化，最终会被市场无情地淘汰。"

可见，当你舍弃一些利益时，会获得更大的利益。这就是舍与得之间的辩证关系。正所谓，"旧的不去，新的不来"。一件东西，总是紧紧地抓在手里，不舍得放下，手里就没有多余的空间来抓其他的东西。所以，要想有大的收获，就不能计较一时一事的得失，千万别忘了"舍不得孩子套不住狼"这句老话。

一位农夫和一位商人正在走路，突然他们发现了一大堆羊毛，于是两个人就各分了一半捆在自己的背上。

途中，他们又发现了一些布匹，农夫将身上沉重的羊毛扔掉，选了些自己扛得动的、较好的布匹；贪婪的商人将农夫所丢下的羊毛和剩余的布匹统统捡起来捆到了自己的背上，羊毛和布匹累得他气喘吁吁，行动缓慢。

走了不远，他们又发现了一些银质的餐具，农夫将布匹扔掉，拣了些较好的银器背上，商人却因沉重的羊毛和布匹压得他无法弯腰而作罢。

突降大雨，饥寒交迫的商人身上的羊毛和布匹被雨水淋湿了，他踉跄着摔倒在泥泞当中；而农夫却一身轻松地回家了，他变卖了银餐具，生活富足起来。

得与失总是辩证的，什么都想拥有的人，迟早会受到生活的惩罚。而懂得舍弃的人，往往会峰回路转，“舍弃”中会有“获得”的转机，因为你为获得付出了成本，生活总有一天要回报你。

亨利·霍金士是美国亨利食品加工工业公司总经理。有一次，他突然从化验室的报告单上发现，他们生产食品的配方中，起保鲜作用的添加剂有毒，虽然毒性不大，但长期服用对身体有害。如果不用添加剂，则又会影响食品的鲜度。亨利·霍金士考虑了一下，他认为应真诚对待顾客，于是他毅然把这一有损销量的事情告诉了每位顾客，随之又向社会宣布：防腐剂有毒，对身体有害。他做出这样的事情之后，他自己承受了很大的压力，食品销路锐减不说，所有从事食品加工的老板都联合起来，指责他别有用心，打击别人，抬高自己，他们一起抵制亨利公司的产品，亨利公司一下子跌到了濒临倒闭的边缘。苦苦挣扎了 4 年之后，亨利已经倾家荡产，但他的名声却家喻户晓。这时候，政府站出来支持亨利。亨利公司的产品又成了人们放心满意的热门货。亨利公司在很短时间内便恢复了元气，规模扩大了两倍。亨利食品加工公司一举成了美国食品加工业的“龙头”。

舍与得之间，关键是舍，然后才是得，只有舍弃许多小利的迷惑，才能有大的收获。

在人生漫漫的旅途中，有山有水有风有雨，有舍弃温馨和绚丽的烦恼，也有获得香甜和明艳的喜悦，人生就是在舍弃和获得的交替中得到升华的。从这个意义上来说舍弃和获得一样美丽。有人说：“人生之难，胜过逆水行舟。”此话不假，人生在世，不如意的事太多，获得和舍弃的矛盾时刻困扰着我们，只有明白了舍弃之道和获得之法，并运用到生活中，我们才能从无尽的烦恼中解脱出来，在人生的道路上进退自如。

人生因失去而美丽

有这样一个故事：

在一列满载乘客的急驰火车上，一位老人不小心把一只新鞋掉到车外。人们一阵惊呼，都为这位老人感到惋惜。此时，这位老者又做了一件令所有人都想不到的举动，他不慌不忙地把另一只新鞋扔到了窗外。人们很不解。一位乘客就问老者为什么这么做。老者平静地说道："失掉一只鞋，另一只对我也没有什么用处了，看着它徒生烦恼，而且这一只鞋对于捡到的人也没有什么用。我把另一只也扔出去，我见不到它，就会很快忘了这件不愉快的事，而捡到这两只新鞋的人一定会很开心，感觉自己很幸运。既然能使我们两个都开心，我为什么不这么做呢？人们听罢都静了下来，心中对老者充满了敬佩。

与其抱残守缺不如果断地舍弃。人们都知道在舍弃的过程中，往往都伴随着痛苦，但仔细想想，舍弃也是一种智慧的体现。

普希金的抒情诗《如果生活欺骗了你》最后两句："一切都是暂时，一切都会消失，让失去变得可爱。"有时失去不是忧伤而是一种美丽；失去不一定是损失也可能是获得。只要有积极豁达的心态，失去也会变得可爱。

有一个公主与王子的故事。

国王有七个女儿，这七位美丽的公主是国王的骄傲。

她们那一头乌黑亮丽的长发远近皆知，所以国王送给她们每人一百个漂亮的发卡。

有一天早上，大公主醒来，一如既往地用发卡整理她的秀发，却发现少了一个发卡，于是她偷偷地到了二公主的房里，拿走了一个发卡。

二公主发现少了一个发卡，便到三公主房里拿走一个发卡；三公主发现少了一个发卡，也偷偷地拿走了四公主的一个发卡；四公主如法炮制拿走了五公主的发卡；五公主一样拿走了六公主的发卡；六公主只好拿走七公主的发卡。于是，七公主的发卡只剩下了九十九个。

隔天，邻国英俊的王子忽然来到皇宫，他对国王说："昨天我养的百灵鸟叼回了一个发卡，我想这一定是属于公主们的，而这也真是一种奇妙的缘分，不晓得是哪位公主掉了发卡？"公主们听到了这件事，都在心里想："是我掉的，是我掉的。"

可是头上明明完整地别着一百个发卡，她们虽然很懊恼，却说不出什么。

只有七公主走出来说："我掉了一个发卡。"

话才说完，一头漂亮的长发因为少了一个发卡，全部披散了下来，王子不由得看呆了。

王子爱上了公主，从此他们过上了幸福快乐的日子。

人不总是因为全部拥有而幸福，相反因失去而美丽。

为什么一有缺憾就拼命去补足？一百个发卡，就像是完美圆满的人生，少了一个发卡，这个圆满就有了缺憾，但正因缺憾，未来才有无限的转机、无限的可能性，这何尝不是一件值得高兴的事！人生不可免的缺憾，你怎样面对呢？逃避不一定躲得过，面对不一定最难受；孤单不一定不快乐，得到不一定能长久；失去不一定不再有，转身不一定最软弱；别急着说别无选择，别以为世上只有对与错；许多事情的答案都不是只有一个。所以，我们永远有路可以走！

美术商店门口，有座断臂的维纳斯雕像，约2米高。有一天，一位年轻的母亲领着小女儿路经这里。年轻的母亲指着雕像说："她是维纳斯，神话中的女神。她多美！”小女儿的眼睛闪着异样的神采，她忽然问：“她怎么没有胳膊和手呢？”年轻的母亲迟疑了一会儿，才说：“她生下来就没有了……她永远是最完美的女性。”

断臂的维纳斯雕像何以能产生那么大的艺术吸引力？就如蒙娜丽莎含蓄的微笑引来人们的惊叹与赞许一样。那么维纳斯的断臂到哪儿去了呢？据说，自从维纳斯从希腊弥罗岛上倒塌的庙堂里被发掘出来时，其臂膀就已经下落不明了。下落不明可能是最好的答案。因为这件稀世珍品的艺术内蕴因此更丰富了。

人生正因为有得有失，才显得美丽，得和失是相对的，失去的不一定就是坏事。你能找到理由难过，也一定能找到理由快乐，一切要顺其自然，万事不必强求完美。

放弃也是一种正确的选择

美国著名哲学家、文学家爱默生曾说过：“人生最大的智慧就是懂得放弃，我们每个人都有难以割舍的东西。放弃了，也许是一种胜利。”的确，人生面临许多选择，而选择的前提是懂得放弃，正确而果断地放弃，也是一种成功。

在一片茂密的丛林中，有一只饥饿的老虎出来寻找食物。此时，猎人早已布下了陷阱，等待老虎的出现。饥饿的老虎四处寻找着猎物，茂密的树叶遮蔽了老虎的视线，它不知道猎人的陷阱就在附近。这时，老虎看到前方似有猎物出现，于是奋力追赶，忽然老虎的脚掌被一个铁圈钩住了。老虎想挣脱束缚，但是铁圈把它牢牢地固定在了原地。这时，手拿猎枪的猎人出现了，他一步步向老虎逼近，老虎似乎感觉到了死亡的逼近。此时，猎人端起了猎枪正向它瞄准，老虎不再犹豫，它用尽全身的力气，猛地挣脱了铁圈。但是，老虎的脚掌却留在了铁圈上。老虎忍痛离开了这个危机四伏的危险地带。

老虎断了一只脚自然是很痛苦的，但是它却因此而保住了性命，这就是聪明的选择。当人们面临艰难的抉择时，也应该像求生的老虎一样，果断地做出取舍，有时放弃也是一种正确的选择。

对无法得到的东西，忍痛放弃，那是一种豁达，也是一种理智。必须割舍而不肯割舍，则是顽固与执迷，对自己有害无益。能在必须割舍时，毅然地割舍，乃是坚强与洒脱。不要以为只有能“取得”的人才是大智大勇，那些能毅然“割舍”的人，其实具有更高的智慧与更大的勇气。

放弃既是一种理性的表现，也不失为一种豁达之举。放弃更需要睿智的思想和博大的胸怀。生活有时会逼迫你，不得不交出权力，让你不得不放走机遇，甚至不得不抛下爱情。你不可能什么都得到，生活中应该学会放弃。放弃会使你显得豁达豪爽，放弃会使你冷静主动，放弃会让你变得更具有智慧和力量。

放弃是面对人生、面对生活的一种清醒的选择。只有学会放弃那些本该放弃的东西，我们才能轻装上阵一路高歌；只有学会放弃，走出烦恼的困扰，生活才会倍感绚丽富有朝气。

人之一生，需要我们放弃的东西很多。古人云：“鱼和熊掌不可兼得。”如果不是我们应该拥有的，我们就要学会放弃。几十年的人生旅途，会有山山水水，风风雨雨，有所得也必然有所失，只有我们学会了放弃，我们才能拥有一份安然祥和的心态，才会活得更加充实、坦然和轻松。

古人云：“塞翁失马，焉知非福。”学会放弃就是审时度势、扬长避短、把握时机，明智的放弃胜于盲目的执着。

放弃，其实就是一种选择。走在人生的十字路口，你必须学会放弃不适合自己的道路；面对失败，你必须学会放弃懦弱；面对成功，你必须学会放弃骄傲；面对老弱病残，你必须学会放弃冷漠，实施救助……我们只有在困境中放弃沉重的负担，才会拥有必胜的信念。放弃我们必须放弃的、应该放弃的，甚至比拥有更重要。

生活离不开放弃，学会放弃才能卸下人生的种种包袱，轻装上阵，安然地等待生活的转机，度过风风雨雨。懂得放弃，才会拥有一份成熟，才会活得更加充实、坦然和轻松。

别为完美而苦恼，不完美才最真实

不能容忍美丽的事物有所缺憾，是人的一种普遍心态。对许多人来说，追求尽善尽美是理所当然的。这些人从未想过，正是这种似乎无关紧要的态度，给他们的生活带来了巨大的压力。

在某跨国公司担任秘书工作的蔡晓娟是一个典型的完美主义者。她对自己要求颇高，凡事都要求做得最好，但因常常无法如愿，故总是自责。近来，蔡晓娟对平常驾轻就熟的日常工作缺乏信心，睡眠也不好，感到心中惶恐，她以为自己生病了，所以来到医院检查，于是有了下面一段对话：

医生："您见过著名的维纳斯雕像吗？"

蔡晓娟："当然见过啦。"

医生："这个雕像有一个非常显著的特征，你知道是什么吗？"

蔡晓娟："哦，她的手臂是断的。"

医生："请您想象一下，如果我们帮她接上两只手臂，是不是会更美？"

蔡晓娟："您真会说笑，如果那样的话，她还叫维纳斯吗？"

医生："是的，也就是说，凡事不可能完美，换言之，既然凡事不可能完美，那就说明残缺也是一种美，那么您又为什么一定要追求工作中的完美呢？这和为维纳斯接上双臂有什么区别呢？其实正是因为工作中存在这些小小的缺陷，您才更加努力地工作，力争去避免失误，争取做得更好，那么您为什么不能容忍它们的存在而要感到焦虑不安呢？"

蔡晓娟："哦……是的，我好像有些明白了。"

医生："最后，送给您一句话：'人可以不断完善自己，但永远无法使自己完美。'"

生活中，很多人把追求完美当作人生的目标，但是，越来越多的人却被对"完美"的这份追求压得喘不过气来，深受完美主义之累，把所有的心思都投入完美中，无论是对生活，还是对工作都锱铢必较，最终把自己搞得筋疲力尽。

追求完美会给人带来莫大的焦虑、沮丧和压抑。事情刚开始，追求完美的人会担心失败，生怕干得不够漂亮而辗转不安，这就会阻碍他们全力以赴去取得成功。而一旦遭到失败，他们就会异常灰心，想尽快从失败的境遇中逃避出去。他们没有从失败中获取任何教训，而只是想方设法让自己避免尴尬的场面；他们往往神经非常紧张，以至于连一般的工作都不能胜任；他们不愿冒险，生怕任何微小的瑕疵损害了自己的形象；他们对自己有诸多苛求，毫无生活乐趣；他们总会发现有些事未臻完满，于是精神总是得不到放松，无法休息。他们对别人也吹毛求疵，人际关系无法协调，得不到别人的帮助。

背负着如此沉重的精神包袱，不用说在事业上谋求成功，就连在自尊心、家庭问题、人际关系等方面，也不可能取得满意的成效。追求完美的人总是抱着一种不正确和不合逻辑的态度对待生活和工作，他们永远无法让自己感到满足，每天都是焦灼不安的。所以说，追求完美只能使人处于不知所措的境地。

张阿姨刚刚退休在家闲着没事儿，有一天偶然看见电视上有人在织毛衣，她一时心血来潮，就买来毛线打算自己织一件毛衣，也调剂一下枯燥的生活，找个乐子。可是没想到这却成了她的负担。

那到底是怎么回事呢？由于很久没有织过毛衣了，张阿姨有些生疏，第一次，织了一段之后发现太肥了，于是就拆掉了；第二次织了一段觉得没有花纹，太普通，又拆了；第三次织了带花纹的，觉得还可以，于是废寝忘食地织了下去，织到一半的时候，沾沾自喜地欣赏，发现中间有几个花纹织错了，怎么看怎么别扭。拆了吧觉得很可惜，不拆吧总是觉得不舒服。最后为了追求完美就全折了重新开始。

本来织毛衣是为了调剂生活，找点乐子，又不急着穿，可是张阿姨为了织好这件毛衣取消了一切娱乐活动，而且容不下一点瑕疵，一遍遍地重来，只顾细节而忘记了主要目标，不但没有感到快乐，反而增加了烦恼。张阿姨也从中体会到了过于追求完美会夺走生活中的快乐这句话的内涵。

追求绝对的完美，会让我们在做事的时候产生更多的遗憾，我们反而会偏离做事的本意。其实，在做一件事情的时候，只要方向是正确的，就没有必要过分计较表面上的瑕疵和缺憾。而且，绝对完美的事情实际上是不存在的。

追求完美既是一种正常的渴望，也是一种悲哀，因为现实生活中根本没有完美的东西，如果一味地追求完美，那么最终会作茧自缚。人生旅途中，永远不要背负着“完美”的包袱上路，否则你将永远陷入无法自拔的矛盾之中，最后也只能在苦恼中老去。

在印度佛教的《百喻经》中，有这样一个故事：

从前有一位中年男士，他事事要求完美，简直到了疯狂的地步。他娶了一位他认为很完美的妻子，不但长得楚楚动人而且是富贵家的千金，可以说“财貌双全”。这位男士每当有社交活动，都带着妻子去参加，很多人都十分羡慕，有的甚至是嫉妒。有一天，他的一位朋友对他说：“你妻子虽然很漂亮，但是还不够完美，鼻子歪了一点。”这位男士听了以后，非常难过，他回到家里，有事没事就看他妻子的鼻子，越看越觉得难看，他心里想：为什么就差这一点点？

最后，他终于忍不住了，决心给自己的妻子换一个完美的鼻子。于是他各处去寻找，功夫不负有心人，终于寻找到一位鼻子很完美的女人。他跟踪这个女人，趁她没有注意的时候，突然拿出刀将其鼻子割了下来，飞似的跑回家里。看到妻子后，他又迫不及待地用刀将自己妻子的鼻子也割了下来，打算换上那美丽的鼻子。当他准备安上去的时候，他发现任凭怎样安也安不上去。结果两个人的鼻子都被割掉了，两个人都没有鼻子，变成了两个丑妇，害人害己。这就是傻瓜人做傻瓜事的结果。

俗话说："金无足赤，人无完人。"人生确实有许多不完美之处，每个人都会有这样或那样的缺憾，真正完美的人是不存在的。虽然我们都想追求完美，但无人能做到真正的完美。完美只是人们给自己戴上的一个"金箍"，然后自己念着"紧箍咒"来折磨自己。

人生没有完美可言，完美只在理想中存在。我们可以接近完美，但永远也不可能达到完美。一味地追求完美，只能给人生留下太多的烦恼和遗憾。一位哲人在日记中写道："如果再给我一次生命，我就不会再追求事事完美。只有确定了重点的人，才是一个能享受到生活快乐的人。因为快乐的人不会把一切都做得尽善尽美。"所以，我们只要心放宽一些，对自己不去苛求，对别人也不去苛求，生活就会少去许多的烦恼。

拓宽你的眼界，学会吃点"眼前亏"

在人生的历程中，吃亏和受益是互为存在、相互转换的。一个人不可能事事都受益，有些事情当时即使真得受益了，最终导致的结果仍有可能是吃亏；而有些事情表面上看，你可能是吃亏了，但事后仍有可能会出现一个受益的结果。

齐国的孟尝君是战国时一个以养士而闻名的相国。他常常以诚恳的态度对待他人，他的这种行为感动了一个落魄的人，这个人的名字叫冯谖。他为报答孟尝君的礼遇而投到孟尝君的门下，甘愿为他效力。

有一次，孟尝君派人到其封地薛邑讨债，他询问大家谁愿意去。冯谖自告奋勇地推荐了自己，但他不知将催讨回来的钱买什么东西。孟尝君说："就买点我们家没有的东西吧！"冯谖领命而去，到了讨债之地后，冯谖见老百姓的生活十分穷困，百姓听说孟尝君的使者来了，均有怨言。大家哪有钱还债啊！于是，冯谖召集了当地的百姓，对大家说："孟尝君知道大家生活困难，拿不出钱来还债，这次特意派我来告诉大家，以前的欠债一笔勾销，利息也不用偿还了，孟尝君叫我把债券也带来了，现在当着大家的面，我把它们全部烧毁，从今以后再不催还。"说着，他果真点起一把火，把债券都烧了。薛邑的百姓没料到孟尝君如此仁义，人人都感激涕零。

冯谖回来后，孟尝君问他买了什么东西，冯谖把自己的所作所为如实说了。孟尝君对他很不满意。冯谖对孟尝君说："你不是叫我买家中没有的东西吗？我已经给您买回来了。这就是'义'。焚券市义，这对您收拢民心是大有好处的啊！"

多年后，孟尝君被人陷害，齐相不保，只好返回自己的封地薛邑。薛邑的百姓听说恩公孟尝君回来了，倾城而出，夹道欢迎。孟尝君感动不已，终于体会到了冯谖"市义"的苦心。

是的，孟尝君并没有想到当年的“付出”会有日后的“回报”。这正是吃亏是福的智慧。可见，吃亏并不一定都是坏事，有时候也能变成好事。其实，吃亏与占便宜是互相依存、相互转化的。不过，得与失相互转化的效果，并不是立竿见影，马上就可以收到成效的。没有今天的“付出”又怎么会有日后的“回报”呢？

吃亏是福，关键在于不计较小小得失。吃亏不仅是一种胸怀、一种品质、一种风度，更是一种坦然、一种达观、一种超越。愿意吃亏、不怕吃亏的人，总是把别人往好处想，也愿意为别人多做一些，在其看似弱智、迂腐、软弱的背后，是一个宏大、宽容、纯净的世界。在这个世界里，他享受着永久的快乐和幸福。吃亏的人，一般来说都会得到旁观者的同情，不但会赢得好人缘，还会在道义上得到更多人的支持，为自己构筑广阔的人脉。

古代十大商帮之首是晋商，晋商之冠是乔家，而乔家大院的建筑上刻的却是“学吃亏”这三个大字，为什么他们不刻上“学赚钱”呢？因为乔家在上百年的商海沉浮中，认识到了一个真理——吃亏就是赚钱。

1900年，八国联军攻占北京，在城里大肆掠夺和抢劫财物，当时北京的许多钱庄都被洗劫一空。那些逃到西安的王公贵族，则带着大把大把的银票，向西安的各大票号兑钱。“日升昌”票号的老板雷履泰，与其他票号掌柜都面临着同样的一个难题：由于日升昌的北京分号被八国联军一把火给烧掉了，账本全部没有了，那么在没有账本的情况下，如何知道谁存了多少银两呢？如果只要有银票就给兑换银子，那么元气大伤的日升昌，很有可能面临倒闭的危险。

有伙计说：“干脆不兑钱给他们了，暂时关门算了，咱们票号也是受害者啊！”也有人说：“等把账目核实清楚后再兑换也不迟，这样也不会影响信誉。”但是这些建议，统统都被雷履泰否定了。雷履泰深思熟虑后决定，凡是能拿出存银凭据的储户，无论是高官权贵，还是平民百姓，而且无论数额大小，一律无条件足额兑换。当时很多人听到这个消息，议论纷纷：“雷履泰真是疯了，这不是自己往火坑里跳吗？”

雷履泰真的疯了吗？当然没有，雷履泰是在以看似“吃亏”的方式收买人心。作为一个早期银行家（票号掌柜），兑现储户的存款，进行正常的存贷业务，是恪守职业行规的一种表现。储户看到雷老板讲信用、底气足，就会对日升昌票号更加信任。当时前来兑钱的大多是从北京逃亡而来的朝廷官员或者达官权贵，尽管目前时局动荡，八国联军甚嚣尘上，但毕竟只是暂时的，大清朝还是要由这些人重新掌权。如果你能够在危难时刻帮他们一把，他们就会牢牢记住你。等到这些人重回京师之后，以他们的政治势力和经济实力，将会给日升昌票号更多的支持和利益。

雷履泰这一“吃亏”的行为，果然为其带来了大机遇。因为这件事，日升昌票号“诚信为本，童叟无欺”的招牌声名远扬，各地的储户对其有口皆碑。战乱过后，当日升昌的北京分号重新开张时，上自达官显贵，下至草根百姓，无不前来捧场，纷纷将自己的积蓄放心大胆地存入票号，甚至朝廷也将大笔的官银交给其收存、汇兑。

懂得吃亏的人才是真正的智者。现实生活中，能够主动吃亏的人实在太少，这并不仅仅因为人性的弱点让人很难拒绝摆在面前的诱惑；更是因为大多数人缺乏高瞻远瞩的战略眼光，不能舍弃眼前小利而争取长远利益。其实，学会吃亏、善于吃亏、乐于吃亏，并不统统是一个人无能、无用、无知的表现，很大程度上这也是一个人的品行伟大与否，思想高尚与否，行为善良与否的写真。

新东方教育集团创始人俞敏洪曾讲过他大学时的一段吃亏经历。

当时他在大学宿舍每天都打扫卫生，一扫就是四年，以至于他们宿舍从来没排过卫生值日表。不仅打扫宿舍，他还每天都拎着水壶给舍友打水。在别人眼中，做这种好事未免有些犯傻，但俞敏洪却把它当作体育锻炼，一点都不觉得自己吃亏，有时候他忘了，别人还会问他怎么还不去打水。就这样，俞敏洪孜孜不倦地帮舍友打了四年水。

十年后，新东方发展需要合作者，俞敏洪跑去美国和加拿大找他当年的舍友。后来他的舍友们回来了，成为他事业的一大助力，但给了他一个十分意外的理由。他们说："俞敏洪，我们回去是冲着你过去为我们打了四年水。我们知道，你有这样一种精神，你有饭吃肯定不会给我们粥喝。"可以说，如果没有那四年帮人打水的吃亏经历，就不会有今天的新东方教育集团。

就像世上没有白占的便宜，世上也同样没有白吃的亏。也许你现在觉得自己的付出和牺牲很不值，但若将眼光放得长远些、广阔些，其实吃亏的人才会得到真正的实惠。设想一下，如果俞敏洪当年没有吃亏那段经历，之后他用什么来说服别人与他合作呢？口沫横飞、指天誓日是没有用的，一个人的品质只能从他的行为中体现。舍得吃亏，就是用行动向别人证明你是一个值得信任与合作的人。

富豪李嘉诚曾说："有时一件看似是很吃亏的事，往往会变成非常有利的事。"这就是吃亏是福，这就是现实生活的得失之道。小处吃亏，大处受益，暂时吃亏，长远受益。如能将个人的得失置之度外，便可宽心自如地对待周遭的人与事，时时从大局着眼，从长远利益考虑问题，这就是智者的选择。生活中总有一些聪明的人，能从吃亏中有所收获。

“吃亏是福”是一种处世的智慧。我们要调整心态，坦然面对吃亏，从而让自己能在人生路上走得一帆风顺。

第三章
凡事不消极，别跟自己过不去

世上本无事，庸人自扰之

烦恼就像摇摆的秋千，你一旦坐上去，它就会一直摇个不停，好像总也停不下来，但如果你跳下来，自然也就不会再摇了。

我们的生活本已不易，如果再给自己增添许多不必要的烦恼，那岂不是自己跟自己较劲?

有这样一个有趣的小故事：

一个小孩问一位胡子很长的老人："老爷爷，你睡觉的时候是把你这花白的长胡子放在被子外还是放在被子里？"这个问题把老人问住了，因为他从来不留意自己睡觉时胡子到底是怎么放的。

到晚上睡觉时，老人突然想起小孩子问他的话。他先把胡子放在被子外面，感觉很不舒服；又把胡子放在被子里面，仍觉得很难受。

就这样，老人一会儿把胡子拿出来，一会儿又把胡子放进去，整整一个晚上，他始终想不出来，过去睡觉的时候，胡子是怎么放的。

第二天，老人见到那个小孩，生气地说："都怪你这小孩，让我一晚上没睡成觉！"

其实，胡子放在哪里，还不是一样要睡觉，一切顺其自然，就不会有太多的烦恼。很多时候，人总是用无形的枷锁将自己锁住，烦恼自由心生。人生无穷无尽的烦恼，仔细想想，都是我们自找的。

有两个穷人一起赶路，边走边聊天。其中一个人说："兄弟，咱俩这么穷，要是能拾到一笔钱该多好啊！喂，你说，要真拾到钱，咱俩该怎么办？"另一个人说："那还用说，见面分一半，咱俩一人一半。""你说得不对，"第一个人说，"钱这东西，谁拾到就是谁的，凭什么我要分你一半呢？""咱俩一块儿出门赶路，一起看到的，一起拾到的钱，难道你还要独吞不成？真是个守财奴，不够朋友。不够朋友的人其实就是衣冠禽兽。""你说谁呢？衣冠禽兽？你再说一遍。""说就说，我怕你呀，衣冠禽兽！"

话音未落，两人就扭打在了一块，你一拳我一脚，谁也不让谁，打得不可开交。这时从对面走过来一位老大爷，见状上前拉架。两人还是不肯住手，嘴里还在不停地叫骂。老大爷好不容易弄明白了原因，不禁哈哈大笑地说："我还以为真拾到钱了，还没拾到就打得鼻青脸肿啊！"

两人这时才回过神，跟同伴打了半天，其实啥都没拾到，耽误了赶路不说，衣服也弄脏弄破了，而且还搞得鼻青脸肿，这是何苦呢？

这两个人正是自寻烦恼者的典型表现。在生活中，我们常常会遇见各种烦恼，而这些烦恼就如同心中的枷锁一般，多数都是我们自己给自己锁上的。事实上，只要我们心中明朗，那把锁就永远不会锁上，我们又何必自寻烦恼，给自己的内心上锁呢？

有个心理学家做过一个有意思的实验：他让参与实验者在周末晚上把未来7天可能产生的烦恼写下来，投入一个大型的烦恼箱中。三周后的星期天，心理学家在所有参加实验者面前打开这个箱子，与大家逐一核对，结果发现，在人们所担忧可能会产生的烦恼中90%并没有真正发生。

于是，心理学家又让大家把那些真正发生的10%的烦恼重新放到烦恼箱中。说好三周之后再来一起寻找这些烦恼的解决之道。然而，等到了那一天，再打开烦恼箱后，他们发现剩下的10%的烦恼已经不再像当初那样困扰了，因为随着时间的推移，他们完全有能力应付了，自然也就没有当初的烦恼了。

人生在世，忧虑与烦恼有时也会伴随着欢笑与快乐。正如失败伴随着成功，如果一个人的脑子里整天胡思乱想，把没有价值的东西也记存在头脑中，那他总会感到前途渺茫，人生不如意。所以，我们很有必要对头脑中储存的东西，给予及时清理，把该保留的保留下来，把不该保留的予以抛弃。那些给人带来诸多烦恼的不利因素，实在没有必要过了若干年还回味或耿耿于怀。这样，人才能过得快乐洒脱一点。

一次，几位同学去拜访大学时的老师。老师问他们生活得怎么样。一句话勾出了大家的满腹牢骚，大家纷纷诉说着生活的不如意：工作压力大呀，生活烦恼多呀……一时间，大家仿佛都成了上帝的弃儿。

老师笑而不语，从房间里拿出许许多多的杯子，摆在茶几上。这些杯子各式各样，有陶瓷的，有玻璃的，有塑料的，有的杯子看起来高贵典雅，有的杯子看起来粗陋低廉……老师说："都是我的学生，我就不把你们当客人看待了。你们要是渴了，自己倒水喝吧。"

同学们已经说得口干舌燥了，都纷纷拿了自己中意的杯子倒水喝。等他们手里都端了一杯水时，老师讲话了，他指着茶几上剩下的杯子说："大家有没有发现，你们挑选去的杯子都是最好看最别致的杯子，而像这些塑料杯就没有人选中它。"同学们并不觉得奇怪，因为谁都希望手里拿着的是一只好看的杯子。

老师说："这就是你们烦恼的根源。大家需要的是水，而不是杯子，但我们总是有意无意地会去选用好的杯子。这就如我们的生活——如果生活是水的话，那么，工作、金钱、地位这些东西就是杯子，它们只是我们用来盛起生活之水的工具。杯子的好坏，并不能影响水的质量，如果将心思花在杯子上，你还哪有心情去品尝水的苦甜，这不是自寻烦恼吗？"

正所谓："世上本无事，庸人自扰之。"生活中，很多人往往会自寻烦恼，自己给自己套上枷锁，从而搞得自己疲惫不堪。我们应该学会解除这些束缚，给自己减压，从而让自己活得轻松、快乐。

对自己的缺陷，不必耿耿于怀

俗话说："人无完人。"每个人都有缺点，这个世界上十全十美的人是不存在的。可是生活中有些人就是无法坦然面对自己的缺点，总是想方设法掩饰它们，弄得自己整天神经紧张。

小赵是个聪明、善良又漂亮的姑娘，像她这样拥有各种优点的年轻未婚女孩，身边自然围绕着一大群追求者。然而可惜的是，不知为什么，她似乎一个都看不上眼，从不和其中的任何人交往。时间一长，追求她的小伙子们耐不住苦等，都纷纷离去，小赵也在不知不觉中从20出头的青春少女变成了30多岁的老姑娘。

朋友感叹她眼光太高，把自己给耽误了，小赵却说出了另一番话：“我哪里是眼光高，我看他们个个都很好，只是我自己问题太多。我小时候阑尾炎动手术，在身上留了条疤，我老想先自己用些消除疤痕的药，让它变得不那么刺眼再交男朋友。还有，你知道的，我身材没别人以为的那么好，我胸部是垫高的，说起来真是莫名其妙，就这么个破事，居然也是我畏惧恋爱的原因之一。其他因素还有很多，一想到要把自己扔进一段恋爱关系，成为别人的审美对象，就觉得还没准备好。比如，我还不够聪明，应该再多看些书，脾气也不够好，应该先修身养性一段时间，工作也不够成功，应该等到事业有所成就……我可以找出一万个理由告诉自己没资格恋爱。我现在算是想明白了，别人也有各种各样的问题，照样恋爱结婚，相夫教子，没谁规定不完美就不能谈恋爱。如果非得等到自己全准备好了再谈，那一辈子都准备不好。”

一个无法完全接纳自己的人，大多会在脑海里塑造一个完美的自我理想形象。当言行无法符合这个理想形象时，就无法肯定自己、接受自己，结果丧失自信，甚至讨厌自己。如果长期对真实的自我进行压抑，误将理想的自我当作真实的自我，产生苛求、完美主义等尖锐的心理冲突，持续下去便可能出现精神问题。实际上，这完全是自己和自己过不去。放眼四望，到处都是不完美的人，别人不都活得好好的吗？正如你不会要求别人十全十美，别人也不会因为你的瑕疵而对你心生不满。

墨子说过：“甘瓜苦蒂，天下物无全美。”世间没有绝对完美的事物，存在缺陷并不可怕，关键在于我们是如何看待缺陷的。世间没有完美的人，只有完美的心，一个能正视缺陷的人，他的世界观、人生观、价值观才是健康的。

某大学举办了一个“才艺大观”节目，每位同学都有机会表演，可以发表演讲，也可以说谜语、讲笑话，目的就是展示自己，并且给大家带来欢声笑语。

节目开始不久便轮到付小彬登台亮相了。付小彬是班里男生中最矮的一个，只见他慢腾腾地走上讲台，摘下那顶作为道具用的西部牛仔帽，向同学们深鞠一躬，然后就开始了他充满激情的演讲：

“我想大家都知道，从外貌和身材上看，本人实在是有些对不起观众。但大家应该也知道，拿破仑的身高才一米五九，我比他还高出一厘米呢；再看我的前额，当然谈不上什么天庭饱满了，可苏格拉底和斯宾诺莎也是如此；我的鼻子略显高耸了些，如同伏尔泰和乔治·华盛顿的一样；我这肥厚的嘴唇足以同法国国王路易十四媲美；也许你们会说我的耳朵大了些，可是举世闻名的塞万提斯也是招风耳啊；我的手掌肥厚，手指粗短，大天文学家爱丁顿也是这样。瞧，我身上的所有，集合了诸多伟人的共同特点……”

当付小彬发表完他的演讲走下讲台时，班里爆发出经久不息的掌声。

这个故事告诉人们，如果能够坦然地面对自己生命中的一些缺憾和不足，愉悦地接纳自己，运用积极的思维扬长避短，充分发挥自己的潜力，同样会带来“柳暗花明又一村”的美景。

有一个孩子，在他很小的时候就双目失明了，他为自己不能看见这个世界而烦恼，他认为这是上帝在惩罚自己，让自己变成一个盲童，他也总是悲观地认为自己这辈子就是一个悲剧，如此下去也将是毫无尽头的折磨。直到有一天，他遇见了一位老师，他才渐渐地从阴影中走出来。老师见他第一眼后就明白了他的想法，随后，老师开导他说：“每个人都是被上帝咬过的苹果，所以或多或少都会存在缺陷，只是有的人缺陷较为明显，有的人缺陷较为隐蔽。缺陷较明显的人，只是因为上帝特别喜欢他的芳香。”

盲童听后内心大受鼓舞，从此将失明看成是上帝对自己的钟爱，渐渐地从阴影中走了出来，开始了崭新的生活。自信满满的他，开始向命运发起挑战，经过自己不懈的努力，他最终成为一名优秀的盲人推拿师，为许多病人解除了病痛，得到了世人的尊重。

将缺陷、不足看成是上天的另一种恩赐，虽然看起来有点自我安慰的意味，但更多的是精神上的鼓舞，面对人生中诸多不如意的事情，又有谁不需要寻找安慰的理由呢?

安迪右手只有4根手指，他的梦想就是做一名电视节目主持人。虽然安迪具备一名优秀的电视节目主持人几乎所有的条件，但是各电视台的负责人看到他患有残疾的右手后都婉言地回绝了他。

经过18个月的努力，安迪终于被一家电视台录用。安迪以最自信的心态去面对观众和自身的缺陷。安迪真诚、自信、充满魅力的解说，受到了当地群众的热烈欢迎，随后，观众来信不断，他们热情赞美了安迪的主持艺术，对于他面对缺陷的坦率给予了赞美，几乎所有人都接受了他的缺陷。他最终成了一名杰出的电视节目主持人。

把缺陷当成前进的阶梯，克服掉自身的不足，人生就会走向更高的境界。当然，不是说越是身体有缺陷就越容易成功，越是家境贫寒就越容易成才，举上面的例子，就是想说明一点，那就是即使你有什么弱势，有什么缺陷，也不能因此丧失自信心，因为这些弱势、缺陷都不是你成功的障碍。只要你有志气，有决心，你完全可以克服自己的不足之处，甚至还可以把你最弱的地方转化为最强的部分。

有一位成功人士曾说："别在乎别人对你的评价，这会成为你的包袱，我从不害怕自己得不到别人的喝彩，因为我会记得随时为自己鼓掌。"我们要学会接受自己的不完美，接受之后要学会淡然面对，这种淡然的精神并不是每个人都有的，它表现的是一种对生活的豁达与自信。此时的缺陷不再是一种需要去刻意掩盖的东西，也不再是失败的借口或者自我安慰的谎言，而是在生活中为自己争取其他优势的资本，是成功道路中必不可少的经历。

你为自己而活，何必太在意他人的脸色

生活中有很多这样的现象：他人不经意的一句话、一个眼神、一个动作，会让我们在心中反复琢磨好久，总以为别人的动作、语言都是和自己有关系的，生怕自己惹得别人不高兴。甚至更有小心眼的人，在看到别人在谈话的时候，就会猜想他们是不是在议论自己，于是，便会一直耿耿于怀。

其实，他自己根本不知道别人是不是在议论他，只不过是过分看重别人的看法罢了。就算别人对自己有看法、有意见又何妨，我们不可能做到让每个人都满意，索性做好自己就可以了，不必想得太多。

有这样一个男孩，他认为自己很善良，但他又总为自己的"善良"而苦恼。

他最怕别人向他借东西，这绝不是因为他自私，自己的东西舍不得借人。相反，他是非常想把自己的东西借给别人用的。但是当别人向他

借东西时，他总担心别人从自己的表情、语言看出一丝不悦——尽管他绝没这种意思。

借东西这种事不是天天发生，因此他的这种烦恼不是天天都有。他最怕的事情，还是自己日常的言行举止。在表情上，他老担心自己脸上会露出清高、傲慢的神色；走路时，他老怕头抬高、腰挺直，让人觉得盛气凌人；说话时，他怕自己言语不当，伤害了别人；甚至他遇到什么高兴的事，也不敢表露在脸上，怕别人认为自己是扬扬自得。男孩曾这样感叹道："我最在意别人的脸色，也最怕别人的脸色，我总是看别人的脸色行事，生怕引起别人一点儿反感和不快。"

上例中的男孩日常所怕的"脸色"，其实就是他内在情绪的外部表现。无论是你的老师、同学，还是父母、亲友、邻居，每人每天都要经历许多事，这当中，不仅要动脑、动手、动身，还要动容。随着各种事的性质及心理经历的变化，人的表情也会有喜怒哀乐的表现。对此，你看到也好，看不到也罢，人家的脸色依然是人家自己的脸色，就像人家的呼吸一样，并非是你决定得了的。

别人的脸色，多是别人的情绪体现，并非与你有什么关系。如果你的朋友今天一脸不高兴，那可能是因为他与父母发生了矛盾，在怄气，这是他个人的私事，与你实际上没有关系。你觉得人家的脸色不对，觉得是自己走路头抬得过高，可人家压根儿就没有注意到你。你看这不是在自寻烦恼吗？

有时有些人的脸色，可能确实与你有关，但你也不必为此惊慌失措。你可以这样对自己说："你有不高兴的时候，我也有不快乐的时候；你能给我脸色，我也有脸色，人人都是平等的。"这样一来，你就把自己完全摆在了与对方人格平等、身体平等、心理平等的位置上。于是，你便可稳定情绪，这有利于你理智地思考和行动。如果对方所给的脸色确系是自己言行不当所致，那就主动改正；如果对方的脸色部分有理，那就部分改正；如果对方毫无道理地给人脸色，那就应该毫不犹豫地不予理睬。这种傲然、坦然的人格立场，也是一种恒定的力量，久而久之，给人脸色看的人，也就自感没趣了。

所以，我们不必特别在意别人的脸色。别人的脸色其实是无所谓“有”，也无所谓“无”的。你若有心注意它就有，你若无心注意它就无。做人就要有自己独特的个性，最好不要太在意别人的脸色，这就需要你建立起一种内在的自信。爱看别人脸色的人，必定是一个很自卑的人，总怕自己因为言行不当，被人看不起，被人贬低或否定，也怕惹人不快，或伤害了对方。因为自己太脆弱，就觉得别人承受力差，进而再伤害自己。所以，建立起自信，才是不在乎别人脸色最可靠的保证。有自信的人，只会把心思和精力用于自己该做的事上，用在自己所追求的目标和向往的事业中。有自信的人能与人为善，和睦相处，也能坦然面对非议。这样的人，永远是快乐者、成功者。

总之，在生活中，我们一定不要成为活在别人看法里的人，不要根据别人的标准来评判自己的生活。一生短暂，哪里顾得上管他人怎么看，活出自己的精彩就好。

走出悲观消极的阴霾，做一个乐观积极的人

科学家研究发现，如果一个人常常处于悲观的情绪之中，那么他在抱怨的时候神经细胞就会不断分泌出让身体老化的神经化学物质。我们甚至可以说当一个人长期处于悲观和愤怒的状态时，他无疑是在慢性自杀。

我国著名作家、哲学家周国平曾经说过这样一段话："悲观主义是一条绝路，冥思苦想人生的虚无，想一辈子也还是那么一回事，绝不会有柳暗花明的一天，反而窒息了生命的乐趣。不如把这个虚无放到括号里，集中精力做好人生的正面文章。既然只有一个人生，世人心目中值得向往的东西，无论成功还是幸福，今生得不到，就永无得到的希望了，何不以紧迫的行动和执着的努力，把这一切追到手再说？"

的确，悲观的心态会摧毁人们的信心，使希望泯灭；悲观的心态就像一剂慢性毒药，吃后会让人意志消沉，失去前进的动力。所以，习惯于悲观看世界的人，要学会积极的自我暗示，引导自己发现生活中的美好。一个人只有拥有了乐观的人生态度，才能凡事往好处想，才能于困境中找到机遇和希望，才能有战胜各种困难的勇气和决心，赢得人生和事业的成功！

有个男人遇事总是很悲观，爱胡思乱想，给自己平添了许多烦恼。年终评选，觉得自己一定没有希望，不免唉声叹气；早上碰见某个同事没有向他打招呼，觉得自己什么事得罪了对方……总之，他就是对所有事都抱有悲观情绪，精神一直处于不安当中。当他察觉到烦恼给自己带来高血压、心脏病时，才去咨询了心理医生。

医生建议他每天写20分钟日记，把悲观的情绪真实地写在日记里。但在写出负面情绪的时候，也要写正面情绪。让自己把正面情绪留在心里，把负面情绪留在日记里。

男人按照医生说的做，坚持记日记，遇上自己爱猜忌的事，便在日记里说服自己。他曾在一篇日记里写道："今天我在楼梯上向一位同事打招呼，可他阴着脸，皱着眉头，理也没理我。我想他态度冷漠不是冲着我来的，八成是家里出了什么事，要不然就是挨了上级的批评。"

他还在另一篇日记里提醒自己："我翻阅上月的日记，发现那些悲观情绪完全是庸人自扰，现在完全消失了，我以后应该用积极的心态去看待所有事情。”

他坚持写了五年日记，发觉自己的处世态度有了很大的转变，遇事尽量不去往坏的方向想，总是告诉自己，事情有哪些积极的因素。后经医生检查证明，他的血压正常了，心脏病也好了。看，这就是心态的作用。

世间许多事情本身并无所谓好坏，全在于你怎么看。很多时候我们之所以感到生活枯燥乏味，是因为我们的心态是枯燥乏味的。如果想使生活变得有滋有味，就要改变心态——变悲观心态为积极心态。只有这样，我们才能改变自己的生活。

有一对兄弟，一个出奇的乐观，一个却非常悲观。

他们的父母希望兄弟俩的性格都能改变一些。于是有一天，他们把那个乐观的孩子锁进了一间堆满马粪的屋子里，把悲观的孩子锁进了一间放满漂亮玩具的屋子里。

一个小时后，他们的父母走进悲观孩子的屋子时，发现他坐在一个角落里，一把鼻涕一把眼泪地在哭泣。原来，他不小心弄坏了玩具，怕父母会责骂自己。

当父母走进乐观孩子的屋子时，却发现孩子正在兴奋地用一把小铲子铲着马粪，把散乱的马粪铲得干干净净。看到父母来了，乐观的孩子高兴地叫道：“爸爸，这里有这么多马粪，附近肯定会有一匹漂亮的小马，我要给它清理出一块干净的地方来！”

这个乐观的孩子就是后来的美国总统里根。他从报童到好莱坞明星，再到州长，直至当上了美国总统。这中间，积极乐观的性格起到了很大的作用。

可见，积极乐观的心态对人的一生有着重要的影响，因为这种心态总是与乐观、自信、成功联系在一起。一个心态积极乐观的人，总是会看到事物中积极有利、乐观向上的一面，在平时的学习生活及人际交往中能够建立起良好的关系，而且，心态积极的人常能心存光明远景，对未来有美好的期待，即使身处逆境，也能凭借乐观的心态、坚定的信念和顽强的毅力战胜困难、走出逆境。

叔本华曾说："事物的本身并不影响人，人们只受对事物看法的影响。"的确如此，否则为什么同样的事物会带给乐观者和悲观者完全不同的影响呢？并不是事物影响了我们，而是我们被自己对事物的看法限制住了。心态消极的人只知为事物寻找消极的解释，于是他只能看到消极的世界，而同样的处境，心态积极的人却能从中看到灿烂和光明。

世上的每个人、每个物品、每件事，我们都能从积极和消极两方面进行解释，并得出截然相反的结论。我们看到世界是什么样子，只取决于我们认为它是什么样子。如果你的心是明媚的，世界也会是明媚的。我们生活在同一个社会，环境其实也大致相似，有的人认为世界冰冷而苛刻，有的人却感觉世界仍有许多美好，其中的差异，只在于他们不同的心态。

如果你认为世界是不幸的，你就只会看到世上的不幸，或许你也向往幸福，但你观察世界的方式实际上是在寻找不幸。相反，如果你抱着要从每一个角落寻找乐趣的想法，你的生活就会是精彩而有趣的。保持积极乐观的心态，就等于是用一双专门寻找美、寻找乐趣的眼睛去观察世界。

有一位刚毕业的美国大学生，在冬季大征兵中他依法被征，即将到最艰苦也是最危险的海军陆战队去服役。这位年轻人自从获悉自己被海军陆战队选中的消息后，便显得忧心忡忡。他的父亲见到儿子一副魂不守舍的模样，便开导他说："孩子啊，这没什么好担心的。到了海军陆战队，你将有两个机会，一个是留在内勤部门，一个是到外勤部门。如果你被分配到了内勤部门，就完全用不着去担惊受怕了。”年轻人问爸爸：“那要是我被分配到了外勤部门呢？”爸爸说：“那同样会有两个机会，一个是留在美国本土，另一个是被分配到国外的军事基地。如果你被分配在美国本土，那又有什么好担心的呢？”年轻人问：“那么，若是被分配到了国外的基地呢？”爸爸说：“那也还有两个机会，一是被分配到和平而友善的国家，另一个是被分配到维和地区。如果你被分配到和平友善的国家，那也是件值得庆幸的好事。”年轻人问：“爸爸，要是我不幸被分配到维和地区呢？”爸爸说：“那同样还有两个机会，一个是安全归来，另一个是不幸负伤。如果你能够安全归来，那担心岂不多余？”年轻人问：“那要是不幸负伤了呢。”爸爸说：“你同样拥有两个机会，一个是依然能够保全性命，另一个是救治无效。如果尚能保全性命，还担心它干什么呢？”年轻人再问：“那要是救治无效怎么办？”爸爸说：“还是有两个机会，一个是作为敢于冲锋陷阵的国家英雄而死，一个是畏畏缩缩躲在后面却不幸遇难。你当然会选择前者，既然会成为英雄，又有什么好担心的呢？”

人生充满了选择，而生活的态度就是一切。你用什么样的态度对待生活，生活就会以什么样的态度来对待你。你消极悲观，生活便会暗淡；你积极向上，生活就会给你许多快乐。

有一位智者说过：“生性乐观的人，懂得在逆境中找到光明；生性悲观的人，却常因愚蠢的叹气，而把光明给吹走了。只有懂得生活的乐趣，才能享受生命带来的喜悦。”乐观的人，凡事都往好处想，以欢喜的心想欢喜的事，自然成就欢喜的人生；悲观的人，凡事都朝坏处想，越想越苦，终成烦恼的人生。世间事都在自己的一念之间。我们的想法可以想出天堂，也可以想出地狱。

不要为自己的过失而苦恼

生活中，我们经常可以看到一些人因为自己做错了某件事，而终日陷在无尽的自责、哀怨和悔恨之中，这无疑是一种严重的精神消耗，只会令我们痛苦不堪。过去的已经过去，我们为过去哀伤、遗憾，除了劳心费神，于事无补。莎士比亚曾说：“聪明的人永远不会坐在那里为他们的过错而悲伤，却会很高兴地去寻找办法来弥补过错。”所以，我们没有必要整日担忧过去的错误，既然过错已经发生，那我们就从过错中总结经验，避免下一次再犯。

一位年轻人跟一位玉雕大师学习雕玉的技艺，年轻人一学就是九年，师傅把雕玉的步骤、技巧都一一传授于他。无论是选玉的视角、开玉的刀法，还是下刀的力道、打磨的时间，年轻人都能熟练地把握。

可有一件事让年轻人不明白，虽然他的操作和师傅一模一样，但师傅雕的玉就是比他雕得好看，价也比他的高出好几倍。年轻人开始怀疑大师没有把绝技传授给他，所以他们雕出来的玉差别才那么大。

年轻人越想越生气，开始惋惜自己在此花费的九年光阴。一天，师傅把他叫到书房，对他说：“我的全部技艺已经传授于你，你离开师门之前，需雕刻一样作品作为你的毕业总结。我已经在南山购得一块璞玉，准备让你来雕一个蟹篓，雕玉的价钱已经谈好，到时候你可以用这笔收入作为自立门户的本钱。”

那块璞玉是一块翠绿的极品岫玉，显然是师傅花了大价钱才购得的。年轻人想：我一定要认真雕这块宝玉，一定要超过师傅。

于是年轻人憋着一股劲，开始动手雕刻。这种心气让他无法平静下来，手中的刀似乎也不听使唤，终于在雕篓口的一只螃蟹时歪了，刀痕划过美玉，一瞬间，他崩溃了。他无法原谅自己的失误，于是不辞而别，丢下未完成的玉走了。

年轻人陆续在几家玉雕作坊里工作过，不过多年来他从没雕出一件像样的作品，因为每当他拿起刻刀，那块翠绿岫玉上的刀痕就会浮现在他脑海里。由于作品一直不出彩，他一次次被作坊老板辞退。在被第八家作坊辞退的时候，他彻底失去了信心。这时他想起了师傅，决定回去看看。

面对身背荆条跪在门前的徒弟，师傅并没有觉得很诧异，只是和过去一样，心平气和地说："开工了。"他哭了，然后跟着师傅来到书房，师傅从一个方匣中取出那块翠绿岫玉，刹那间那深深的刀痕又进入他的眼帘。

大师当着他的面，拿起刀在那深深的刀痕上雕琢。没过多久，一只活灵活现的小龙虾出现在螃蟹背上，原来那道刀痕不见了，呈现在眼前的是一件巧夺天工的艺术品。年轻人扑通一下跪在师傅的面前，满面羞愧地央求道："请师傅传授这雕玉绝技。"

大师神态平静地对他说："我已经把全部的技艺都教给你了，如果说有什么绝技的话，就是一句话：刻在玉上的错，不应该再刻在心上。"

不要为自己的过失而苦恼。对过去的错误，有机会补救，就尽力补救，没有机会补救，就坚决将其丢到一边，不要在过去的泥沼里越陷越深，否则你将错失更多的东西。正如泰戈尔所言："如果你因为错过太阳而流泪，那么你也将错过月亮和星辰。”我们总是执着、感伤于曾经失去的，以致忽略了身边的风景以及未来可能存在的惊喜，这不能不说是一种得不偿失。

生活中，总会有一些意想不到的事情发生。当你面对一些不幸的打击时，要学会潇洒地挥一挥手，告别昨天。不要把宝贵的时间和精力浪费在悔恨、自责和羞愧上。这些负面情绪只会阻止你改变目前的生活状态，因为它们只会让你的意识停留在过去。

丹麦哥本哈根大学有一个学生叫乔根，有一年暑假他去华盛顿观光。到达旅店后，他把一切安排妥当，满怀期望地等待第二天的到来。可是，就在他准备休息时，忽然发现钱包不见了，而护照和现金都在里面装着。他很快找到旅店经理说明了情况。“我们尽一切努力帮助你。”经理说。

第二天早晨钱包仍无下落。而乔根衣袋里的钱也所剩无几。现在，他独自一人飘零异邦，该如何是好？是打电话给家人说明情况，还是到警察局去等等消息？突然间，他说：“不！我不愿做任何无意义的事情！我一定要去游览一下这里。我可能再没有机会到这里来了。既然我只能在这里待上宝贵的一天。那么我现在就不再为丢了钱包而遗憾了，我要做的，就是好好地去欣赏这里的风光。”他一再强调：应该愉快地过好今天。

于是，他步行出发了。他先后参观了白宫和国会大厦，还有一些气势恢宏的博物馆，最后他还爬上了华盛顿纪念碑的顶端。但凡是他到过的地方，每一处都让他意犹未尽。

回到丹麦后，他回忆起这段美好旅程，总是很开心。他不觉得有什么遗憾，如果说钱包被偷是一件不愉快的事，而他因此就浪费在华盛顿的宝贵的一天，沉浸在后悔当中，恐怕这才是真正的遗憾。事实证明，他回国五天后，华盛顿警察局帮他找回了钱包，物归原主。

生活中，有太多的变数，事情一旦发生，就绝非一个人的心境所能改变的。如果心里整天想着它，怎么也挥不去那个阴影，怎么也摆脱不了那种懊悔，为此反反复复辗转难眠，这样就放大了痛苦，带给自己的将是更大更多的失误。

曾经的失去可以成为我们以后的借鉴，但我们不能因此背上包袱，我们还有很长的路要走。丢掉那些因为失去而衍生的哭泣、烦恼，轻轻松松上路，你才会越走越快、越走越欢愉，路也才会越走越宽。

玛丽娜是一个生性乐观的女孩，不论遇到什么事情，她都能积极面对。

有一次，她在海上度假的时候，遇到了大暴雨，结果在甲板上滑倒，腿部受了重伤，患上了腿部痉挛以及静脉炎等病症。因为伤得非常严重，只有截肢才能保住性命。医生考虑到年轻女孩以后的生活，有些犹豫了，他担心玛丽娜接受不了这个事实。然而出乎医生的意料，当他把这件事告诉玛丽娜时，她只是看了他很久，然后非常平静地说："如果一定这样不可的话，那也就只好这样了。"

当她被推进手术室的时候，她的家人以及朋友都站在一旁哭泣。玛丽娜却朝他们挥了挥手，非常开心地说："我马上就会出来，你们在这里等我。"

当手术完成后，玛丽娜很快就恢复了健康。虽然她失去了一条腿，但是她没有放弃自己的理想和追求，她选择忘记痛苦，使自己忙于建设更美好的明天，直到她去世为止。

不被命运所击倒，忘记昨天的悲伤，忘记自己所失去的，把精力和目光更多地给予现在，去争取更美好的未来，才能寻回自己的天空。生活永远是由不同的选择构成的，既然悲剧已经发生了，那么痛苦下去又有什么用呢?我们不如积极乐观地活下去。如果我们在有限的生命里，把过多的时间都耗费在对失去的耿耿于怀中，那是多么大的浪费啊!

有一位哲人曾说过："当你无法改变一些已经发生的事实时，你要学会忘记，而不是无谓地埋怨与惋惜。过去的事就让它过去吧，不要做无谓的埋怨和惋惜，因为你已经无法改变它了。但你要记住，以积极的态度来应付不幸之事会收到好的效果，你只要吸取教训，就会从中获益。"

事事往好处想，你遇见的就都是好事

契诃夫在他的一篇文章里介绍了一种苦中寻乐的思考方法。

——要是有穷亲戚来找你，那么你不要脸色发青，而要喜洋洋地叫道：真好，幸亏来的不是警察。

——要是你听到了难听的歌声，你应该庆幸：我是在听音乐，而不是在听猫叫或狼嚎。

——要是你有一颗牙疼了起来，那你就该高兴，幸亏不是满口的牙疼。

以此类推，照着这样的方式去看世界，你会发现生活其乐无穷。

其实，任何事我们都能往好的方面想，也能往坏的方面想。与其想坏的方面折磨自己，不如想好的方面让自己高兴些。这就是乐观的心态，即使发生的确实是一件坏事，也能为自己找出高兴的理由。

苏格拉底是单身汉的时候，和几个朋友一起住在一间只有七八平方米的房间里，但他一天到晚总是乐呵呵的。有人感到奇怪，就问苏格拉底说："那么多人挤在一起住，连转个身都困难，你有什么可乐的？"

苏格拉底说："朋友们在一块儿，随时都可以交换思想，交流感情，这难道不是件很值得高兴的事儿吗？"

过了一段日子，朋友们一个个成了家，先后搬了出去。屋子里只剩下了苏格拉底一个人。苏格拉底每天仍然很快活。

那人又问："你一个人孤孤单单的，有什么好高兴的？"

苏格拉底说："我有很多书啊，一本书就是一个老师。和这么多老师在一起，时时刻刻都可以向它们请教，这怎么不令人高兴呢？"

若干年后，苏格拉底也成了家，搬进了一座大楼里。这座大楼是多层建筑，苏格拉底的家在一层。一层在这座楼里是最差的，不安静，不安全，也不卫生，上面老是往下面泼污水，丢死老鼠、破鞋子、臭袜子等杂七杂八的脏东西。那人见苏格拉底还是一副喜气洋洋的样子。

"你住这间也那么高兴吗？"

"是呀！"苏格拉底说，"一楼有一楼的好处，进门就是家，不用爬很高的楼梯，不必费很大的劲儿；朋友来访容易，用不着一层楼一层楼地去打听……特别让我满意的是，我可以在空地上养一丛一丛的花，种一畦一畦的菜。这些乐趣没法儿说！"

过了一年，苏格拉底把一层的房间让给了一位朋友，因为这位朋友家有一位偏瘫的老人，上下楼很不方便。苏格拉底搬到了楼房的最高层。每天，苏格拉底仍是快快活活的。

那人揶揄地问："先生，住高层有哪些好处呢？"

苏格拉底说："好处多着哩！仅举几例吧：每天上下几次，这是很好的锻炼机会，有利于身体健康；楼上光线好，看书写文章不伤眼睛；没有人在头顶干扰，白天黑夜都非常安静……"

凡事往好处想，内心便充满阳光，这种乐观的、积极向上的心态，会激发我们的生命力，让我们永远拥有成功的信心和希望。即便是身处绝境，也能以豁达开朗的心胸面对未来。

情由心生，柏拉图说：“决定一个人心情的，不在于环境，而在于心境。”所以凡事多往好处想，转变一下思维，你就会看到事情发展的另一面。

中国著名国画家俞仲林先生擅长画牡丹，很多人都慕名前往索要墨宝。

有一次，俞仲林的朋友费尽九牛二虎之力，总算弄到了一幅俞仲林亲手所绘的牡丹，回去以后，朋友高兴地装裱起来，挂在客厅里。

朋友家的一位客人看到了，大呼不吉利，原来这牡丹没有画完，缺了一部分，而牡丹代表富贵，缺了一边，那不是变成了“富贵不全”吗?

朋友一听也大为吃惊，他也认为牡丹缺了一边不妥，于是就拿回去准备请俞仲林重画一幅。俞仲林听了他的理由，劝他换个角度来思考。他告诉朋友，既然牡丹代表富贵，那么缺一边，不就是“富贵无边”吗?

朋友听了他的解释，觉得有理，高高兴兴地捧着画回去了。

同一幅画，因为心态不同，产生的看法也不同。生活中很多情况也是如此，只要转变一下思考方式，改变看问题的心态，结果就会不同。

有些人总是喜欢说，他们现在的状况是别人造成的，环境决定了他们的人生位置，许多事情他们无法摆脱，也不能往好的方向想。这是因为他们从未真正地往好的方向想过，他们总是悲观失望，有时即使有好的想法，也马上会被自己否定。说到底，如何看待人生，全由我们自己决定。

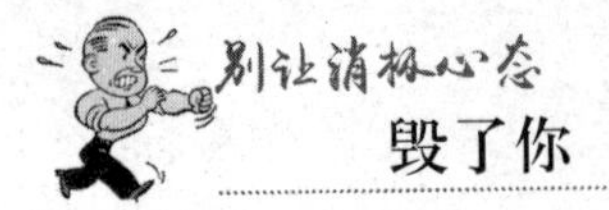

凡事都往好处想，做人也会开心。凡事都往好处想，说起来容易，做起来难。有些人活在世上，总是把事往坏处想，结果使自己整天处在紧张、猜疑、惊恐、戒备、争斗之中，具有这种心理状态的人，还能开心吗？把事情往好处想，这是开心的一个秘诀！

一个人去看心理医生，说："我患了心理疾病，并且非常严重。"接着他讲了自己的症状："女儿出门上学，如果没能按时回家，我就非常担心；如果再迟一些，我就坐卧不宁。"

医生说："这说明你非常疼爱你的女儿，并且是一个爱心非常重的人，我认为这不是疾病。"那人说："不对，我不是想她在补课或做别的什么事情，而是想她是不是被人绑架了。"

医生听完那人的诉说后，问："你做什么职业？这种症状有多长时间了？具体是从什么时候开始的？"那人答："我是个开发商，这种症状从我赚到第一个一千万起就开始了。但我可以这样向你保证，我赚的每一分钱都是干净的。"

医生说："你以上所有的担心，不属于心理恐惧，而是地地道道的心理疾病。这种病最容易在暴富的人群中出现，而且治疗起来非常困难。"

那人说："不论花多少钱，我都愿摆脱这种心理。"

医生说："西方心理学家塞缪尔曾经说过一句话：'一个人养成凡事往好处想的习惯，比每年赚一千万还有价值。'可是，他接着又说了一句：'一个每年赚一千万的人，想养成凡事往好处想的习惯，比登天还难。'你如果想治好自己的病，不妨一试。"

至于这个人是如何试的，不得而知。不过，从此那个城市多了一家慈善基金会，并且还多了一个快乐的富人，这是大家所共知的。

“凡事往好处想”虽不是解决一切问题的灵丹妙药，却是一种健康积极的人生哲学。有了它，也许问题本身不会减少，但问题的解决却找到了正确的方向。所以，我们应该培养乐观的人生态度。凡事往好处想，事情自然会往好处发展。凡事都往好处想，就会以镇定从容的心态享受生活，就可以准确找到生活的方向，展示生命的风采。

别跟自己过不去

人最大的敌人是自己，要想摆脱坏脾气、创造好的心情，首先得摆平自己，凡事都要想开点，千万别跟自己过不去。

有这么一位母亲，多年从事高科技的研究工作，在事业方面很有成就。可是，在生活方面，她却是个孤僻怪异、愤世嫉俗之人。她不喜欢年青一代喜欢的流行音乐，不是一般的“不喜欢”，而是一种“愤恨”，只要听到摇滚音乐、网络歌曲，她就会愤愤然痛斥一番，甚至采取用棉花球堵耳朵的方式以示抗议。她也不喜欢青春小说，一看到这样的书她就扔掉，也不允许别人在她面前谈论这样的话题。

她的女儿很孝顺也很优秀，研究生毕业后被分配在研究所里做实验。母亲说：“做什么实验啊，挣钱太少，我都做了一辈子实验了，没什么意思。”女儿听了母亲的话，就辞掉了原来的工作，应聘到一家跨国大公司做白领，工资很高，生活得也很好。可这位母亲还是不满意，一天到晚唠唠叨叨，说女儿的工作没有前途，公司总归是别人的，以后老了怎么办。女儿一赌气，不做白领了，自己开了一家公司，又凭着自己的努力，很快成为行业内有名的女强人。

女儿很感激母亲的培育之恩，她也千方百计顺着母亲的心，为的是让母亲能有个幸福的晚年。她以为母亲这下总该满意了，可惜她错了，母亲仍然唠唠叨叨，还是莫名其妙地发脾气，说着一些无关紧要的事，生着无关紧要的人的气。母亲总是陷入杂事中不能自拔，经常为找一个很小的东西把家里翻得乱七八糟。生修水电甚至是送水工人的气，一会儿埋怨他们事情没做好，一会儿又怀疑他们偷了东西。

这位母亲就是“没事老跟自己过不去”的一个典型。其实，她完全可以过另外一种生活，一种愉悦内心的、完全没有压力的、自己喜欢的生活。她事业上有所成就，经济上没有压力，有什么事女儿随叫随到。按说她应该活得很好。可是，事情并不是这样，她整天愁眉苦脸，总觉得谁欠了她似的。多少人想要这样的生活都只是梦想，她却把这种生活当作负担。

很多时候，是我们自己放大了烦恼，郁郁寡欢，一味地跟自己较劲。其实，我们大可以活得轻松一些，顺其自然，无须为生活拴上太多的铁链。

于敏家的空调外机因为对面楼盘施工被砸坏了，却无人负责。于敏气得一晚上没有睡好觉。第二天早上，她上班坐电梯时，被一条宠物狗撞到了。原本心情郁闷的她飞起一脚将狗狗踢出电梯，却发现雪白的裙子被可恶的家伙留下了几个爪痕。上班路上，她得到了暗恋已久的人将要结婚的消息。情绪一激动，她随手将手机扔掉了。到了公司，她慢条斯理地整理文件，一个小时后发现同事们都匆匆地去了会议室。老板因为于敏没有完成手头工作且衣衫不整，勒令其写检查。中午，于敏又接到人员调动的通知，自己被调到最不吃香的部门。吃晚饭时，表妹告诉于敏，远在千里之外的姥姥病危，而此时于敏没有休假时间。下班回家的路上于敏觉得这一天所有人都在跟她过不去，日子简直糟糕透了。

就在于敏对着一棵大树拳打脚踢时，一位清洁工将手机递到她面前。原来这位好心的大姐捡到手机后一直在附近等待失主，又凭借手机中的相片认出了于敏。于敏连连道谢，打开手机一看，开会的通知是在她扔掉手机几分钟后收到的。走到单元楼下，一楼邻居对她说："早上狗狗自己跑进了电梯，我在寻找时发现你家的空调外机坏了，就让先生帮你修了一下。"于敏又是一阵感激。回到家中，公司打来电话说，于敏将被任命为新调部门的副经理。为了帮助其转变思维，更好地适应工作，公司决定给她三天的休假时间。于敏有时间去看姥姥了。不多时，于敏的家门被敲开，门外站着她暗恋的人。他紧张地说："你对于我结婚的消息就这么无动于衷吗？我那么喜欢你，还是想听到你当面的回答。"原来结婚只是他试探于敏的伎俩。这时候于敏突然醒悟：其实生活并没有那么糟！

于敏的生活本来就没有多大的问题：空调外机被砸坏，找人修一下就好了；衣服被狗狗抓脏，洗一下就什么也看不到了；暗恋之人要结婚说明她可以解脱了；公司人员调动，她可以尝试一下新的工作。于敏觉得生活糟糕透顶，是因为她一直在跟自己过不去。下班之后，一切问题似乎都烟消云散了。再难的事情也会有解决的办法，如果一味地沉浸在烦恼之中不能自拔，换来的就只能是责备和抱怨世事的不公。所以说，与其这样总和自己过不去，让自己在委屈和消极中饱受煎熬，还不如调整好自己的心态，开心每一天，快乐每一天，幸福每一天，何乐而不为呢？

其实，生活中，只要我们不跟自己过不去，就没有人会跟我们过不去。苦恼总是有的，有时人生的苦恼，不在于自己获得多少，拥有多少，而在于自己想得到更多。我们有时想得到更多，而自己的能力却很难达到，所以我们会感到失望和不满。进而自己折磨自己，说自己"太笨""不争气"等，就这样经常跟自己过不去，与自己较劲。

其实，静下心来仔细想想，生活中的许多不如意的事情，并不是你的能力不强造成的，恰恰是因为你的愿望不切实际造成的。我们要相信自己具有做好各种事情的才能。我们应该常常肯定自己，尽力发展我们所能够发展的东西。只要尽心尽力，只要积极朝着更高的目标迈进，我们的心中就会保持着一份悠然自得。即使在生命结束的时候，我们也能问心无愧地说："我已经尽了最大的努力，我此生无憾了！"

对于尽了力也做不到的事情，就不要再勉强自己去做了；对于已经发生的不如意的事，就不要再去想那些让人气愤的过程了；对于不属于自己的东西，就不要再执着了。事情既然如此，就顺其自然吧，关键是要享受生活，而不是硬和自己较劲儿，把生活给涂上黯淡的色彩。

凡事别跟自己过不去，永远保持对美好生活的向往，学会享受生活，才能懂得珍惜身边的一切。你的生活才会更加丰富多彩，你的生命才会更加富有内涵。

与其效仿别人精彩的人生，不如做最真实的自己

张国荣有一首歌的歌词是这样的：我就是我，是颜色不一样的烟火。每一个人都应该庆幸自己是世上独一无二的，每个人也都应该找到自己最擅长的，然后坚持下去，永远做一流版本的自己，不做二流版本的别人。最令人失望的就是失去自我，成为别人的复制品。正如法国作家辛涅科尔所说："对于宇宙，我微不足道，可是对于我自己，我就是一切。"

主人养了一头驴和一条哈巴狗。驴子被关在圈里，虽然不愁温饱，却每天都要到磨坊里拉磨，到树林里去驮木材，工作繁重。而哈巴狗会演许多小把戏，很得主人的欢心，每次都能得到好吃的奖励。驴子在工作之余，难免有怨言，总抱怨命运对自己不公平。它也想过哈巴狗那样的生活。

这一天，机会终于来了，驴子挣断缰绳，跑进主人的房间，学哈巴狗那样围着主人撒娇，它又蹬又踢，撞翻了桌子，家里被它搞得乱七八糟。

这样驴子还觉得不够，它居然趴到主人身上去舔他的脸。这下，可把主人吓坏了，直喊救命。大家听到喊叫急忙赶到，驴子正等着奖赏，没想到反挨了一顿痛打，被重新关进圈里。

无论驴子多么忸怩作态，都不及小狗可爱，甚至还不如从前的自己，毕竟这不是它所能干的行当。

其实，我们每个人都有各自的特点和长处，但我们却总是容易忽视自己的长处。结果就像故事中的那头驴子一样，自己的长处得不到发挥，在模仿别人长处的过程中却付出了惨痛的代价。在现实生活中，也有类似的人。

20世纪末，日本东京曾举办过一次青少年书法展，一位9岁少年的四幅书法作品，被当时的私人收藏者以1400万日元抢购一空，日本书法界为之震动，称这位少年为“书法界的奇才”。当时日本著名书法家小田村夫曾这样预言：在日本未来的书法领域中，必将会升起一颗璀璨的新星。

然而，20年过去了，一些当初无名的人都脱颖而出了，而这位天才少年却销声匿迹了，是谁断送了这位天才少年的前程？2002年小田村夫曾专门拜访了这位小时候曾名震日本书法领域的“天才少年”，当小田村夫看了他近期的书法作品时，不禁仰天长叹道：“成功不能靠复制，右军啊，你害了多少神童！”

右军是谁？东晋的大书法家王羲之是也！可是1600多年前的王羲之为什么会害了这位天才少年呢？原来这位天才少年模仿王羲之的作品成瘾，在二十多年的模仿过程中，又从没有加入自己的特色，所以他写出来的书法作品和王羲之比起来，简直能达到以假乱真的地步，在鉴赏家的眼里，他所有的书法作品，已经不再是艺术，而变成了让人厌恶的仿制品。

这正如齐白石先生所说：“学我者生，似我者死。”走不出前人的框架，自然也就不会有自己的天地。你可以模仿别人，但不可以一味地进行模仿而不加入自己的特色。成功没有固定的模式，一味地模仿不可能取得大的成就，甚至会失去自己本来的特色。

模仿别人自己很容易毁了自己。爱默生曾经说过：“羡慕就是无知，模仿就是自杀。”无论是在历史上，还是在现实生活中，不知道有多少天资出众的人士，由于过度地模仿他人而丢掉了自己的特性，最终寂寂无为，沦为追随他人的牺牲品。每个人生来就是独一无二的，模仿别人，便是扼杀自己。不论好坏，你都必须保持本色，自己的本色是自然界的一种奇迹，也是上苍给每个人最好的恩赐。不要活在别人的影子里，你就是你，不是别人的翻版。大踏步地向前走，留下属于自己的脚印，才能够活出真正的自己。

蜚声世界影坛的意大利著名电影明星索菲亚·罗兰能够成为令世人瞩目的超级影星，与她对自己价值的肯定以及她的自信心是分不开的。

为了生存，以及对电影事业的热爱，16岁的罗兰来到了罗马，想在这里涉足电影界。没想到，第一次试镜就失败了，所有的摄影师都说她达不到美人标准，都抱怨她的鼻子和臀部。没办法，导演卡洛·庞蒂只好把她叫到办公室，建议她把臀部削减一点儿，把鼻子缩短一点儿。一般情况下，许多演员都会对导演言听计从。可是，小小年纪的罗兰却非常有勇气和主见，拒绝了对方的要求。她说："我当然知道我的外形跟已经成名的那些女演员颇有不同，她们都相貌出众，五官端正，而我却不是这样。我的脸缺点太多，但这些缺点加在一起反而会令我更有魅力。如果我的鼻子上有一个肿块，我会毫不犹豫把它除掉。但是，说我的鼻子太长，那是无道理的，因为我知道，鼻子是脸的主要部分，它使脸具有特点。我喜欢我的鼻子和脸的本来的样子。说实在的，我的脸确实与众不同，但是我为什么要长得跟别人一样呢？我要保持我的本色，我什么也不愿改变。"

正是由于罗兰的坚持，使导演卡洛·庞蒂重新审视，并真正认识了索菲亚·罗兰，开始了解她并且欣赏她。

罗兰没有对导演和摄影师们的话言听计从，没有为迎合别人而放弃自己的个性，没有因为别人而丧失信心，所以她才得以在电影中充分展示她的与众不同的美。而且，她的独特外貌和热情、开朗、奔放的气质开始得到人们的认可。后来，她主演的《两妇人》获得巨大成功，她因此而荣获奥斯卡最佳女演员金像奖。

成功者走过的路，通常都不适合其他人跟着重新再走。在每个成功者的背后，都有自己独特的、不能为别人所仿效和重复的经历。与其一味地模仿别人，还不如充分展示自己的优势、保持自己的本色，在顺其自然中充分发展自己，这才是最明智的。

人生不是竞赛，不要执着于与人比较

生活中，我们总爱和别人比较，比较谁更漂亮、更幸福、更成功。正所谓“天外有天，人外有人”。比我们漂亮、成功、幸福的人随处可见。于是，我们羡慕、嫉妒，甚至仇恨。这些负面情绪蒙蔽了我们的心智，让我们盲目地陷入生气和愤怒之中，变成暴躁的奴隶，严重违背了我们追寻快乐人生的初衷。

有这样一个寓言故事：

一只牛蛙长得很大，当它吸足一口气撑起肚皮时，再没有其他的牛蛙比它大。它最大的爱好就是撑起自己，然后接受众蛙们“好大啊”的赞美。可是一日，一只蛙看到了一头牛，它惊奇地告诉大家：“牛才真的大啊！”大牛蛙听了不服气，便撑起肚皮问：“牛大，还是我大？”那只蛙回答：“牛大！牛大！”大牛蛙一听火了，拼命吸气，肚子越撑越大，可还是听那只蛙说：“还是牛大！”大牛蛙怒发冲冠，肝胆俱裂，最后猛吸一口气，只听“啪”的一声——它把自己撑爆了。

盲目攀比，大牛蛙自食恶果。动物的攀比之心尚且如此，更何况人。

攀比之心，人皆有之。但如果只是一味盲目攀比，只会给自己带来不必要的烦恼。俗话说“人比人气死人”。无论在什么场合，有的人总喜欢攀比，这样的人无论怎么富有，生活似乎总是痛苦的，这样的人痛苦的根源在于自己太爱攀比。

《巴尔的摩哲人》的作者亨利·路易斯·曼肯就曾说过："富有就是你比你妻子的妹夫多挣100美元。"行为经济学家说，我们越来越富，但越来越不幸福，其原因是，我们老是拿自己与别人比较。

小郑走上工作岗位已经三年，薪水一般，还没有挤进成高收入人群，花钱却一直大手大脚。每当她看到同事的东西比自己的好，就感到十分难受，再贵也要买个一样的，才能舒服了。工作三年，别说存钱，还倒欠了大笔外债，爸爸、妈妈、姑姑、小叔，疼她的长辈几乎被她借了个遍。虽然每次借钱，长辈们都会嘱咐她量入而出，父母尤其恨铁不成钢，经常念叨她，她却听不进去，依然挥霍。

小郑的钱到底花到哪里去了？手机、MP3、衣服、靴子、包，只要办公室有人换新的，并且她认为比自己的好，就会立刻跟着换，自己的钱不够，就把旧东西低价处理掉，还不够，就跟长辈伸手。后来办公室的人都知道了她的恶习，每次换了新物品，干脆故意在她面前晃来晃去，略带嘲讽地等着看她"出血"跟着买。这样，她心里难受得更厉害了，无论如何都要赌赢这口气，哪怕厚着脸皮东拼西凑，也要打肿脸充胖子。三年下来，她一共换了7部手机，5个MP3，还有大堆的衣服和饰品，花了无数冤枉钱。

小郑在办公室中穿着最光鲜的衣服，用着功能最强最全的数码产品，她究竟从中得到了多少快乐呢？实际上，只有将新物品展示在同事面前的时候，她才能感到满足，过不了多久，心里就会为此感到难受。由于挥霍无度入不敷出，她不仅要在别人看不到的时候省吃俭用，还越来越不敢面对父母，也不能坦然地站在长辈面前，并且她总担心有一天会被同事知道，自己买东西的钱是到处借来的。沉重的心理负担，让小郑感觉自己在这三年间老了七八岁。

人生最悲哀的事情就是拿自己的处境和别人作比较。攀比不是罪过，但攀比心太强必然烦恼丛生。跟在别人后面亦步亦趋，在越来越让人眼花缭乱的欲望对象面前患得患失，将永远也得不到满足。

攀比源于对自己、对现状的不满，鲁迅说："不满是向上的车轮。"有追求、有梦想是件好事。但是，这不等同于盲目攀比。现在，有很多人不断地去寻找、探索、追求幸福感，但终不得其果。心理学家认为，幸福主要是期望的反映，在很多情况下，是跟别人攀比造成了幸福感的缺失。感受不到幸福是因为对幸福的期望太高，设定的条件太苛刻，无法激发感知幸福的神经，所以有些人常常会不开心，感受不到幸福。

刘红和宋刚是一对新婚不久的小夫妻。可是最近一段时间，两个人却总是因为一点小事吵架，闹得很不愉快。原因就在于，刘红总是把宋刚和别人作比较，常常用宋刚的缺点去比别人的优点，这让宋刚很不高兴。

其实，在谈恋爱的时候，刘红是一个温柔体贴的女孩，总是处处为宋刚着想。刚开始，两个人的工资不高，刘红过生日的时候，宋刚只能买一个最小的蛋糕送给她。可是，刘红却觉得这是世界上最温暖的礼物，还埋怨宋刚乱花钱。

可是，不久前，刘红参加了一次同学聚会。当听到别人都已经住上别墅，开上私家车的时候，她的脸一下子就红了起来。刘红心想："早知道就不来了，省得在这里丢面子。"回到家，宋刚问她："聚会玩得开不开心？"刘红正好一肚子气没处撒，于是大声说道："好玩什么！都怪你没出息，现在我们住在这么个小房子里！你瞧瞧人家，阿金已经住上别墅了！阿凤也开上小汽车了！就只有我，嫁给你只能过这种穷日子！"宋刚听了这话，半天没有说话，过了一会儿他想安慰刘红两句，便说道："何必跟别人比呢？我们过自己的日子，不是也很开心吗？""哪里开心？以前我是不知道，现在我才知道，自己原来这么寒酸！"刘红生气地说道。听了这话，宋刚也生气了，大声说："怪我没本事，你去看看谁有本事，就直接跟谁走！"结果，两个人越吵越生气，声音也越来越大。隔壁邻居听见了，过来劝了好半天才让这场"战争"停火。

本来是一对非常幸福的小夫妻，就是因为和别人比较，结果破坏了和谐的家庭关系。

这完全是盲目攀比的心理在作怪，攀比总是伴随着抱怨，使我们的内心无法趋于常态。攀比是无止境的，如果永远都抱着攀比的心态生活下去，那么每天的生活都将处在水深火热之中。攀比有时就像一把利剑，刺向自己心灵的深处，而且攀比对人、对己都十分不利，最终伤害的只是自己。

所谓"咫尺长门锁阿娇，人生失意无南北"，华贵深宫也和偏远北疆一样，在看不见的地方有着悲恸和哭泣。只是，在日常生活中，我们示于人前的，和我们着眼关注的，都是光鲜、得意的一面。生活的艰难与琐碎，其实对谁都一样。我们每个人都拥有一些令人羡慕的东西，也有一些自觉缺憾的东西，没有人能得到全部，也没有人一无所有。拥有得多还是少，全看我们拿自己跟谁比、怎么比，重要的不是我们拥有什么，而是我们的内心从中感受到了什么。

生活幸福的人未必比别人更富有、更健康、更美丽，却一定能安然接受"并不比别人更好"的自己，因此并不强迫自己处处与人比个高低。

有一句格言说得好："如果你仅仅想获得幸福，那很容易就会实现，但是，如果你希望比别人更幸福，那将永远都难以实现。"其实，如果你想感到幸福，那就与那些不如你的人，比你更穷、房子更小、车子更破的人相比，你的幸福感就会增加。可问题是，许多人总是做相反的事，他们老在与比他们强的人比，这不仅让他们产生了很大的挫折感，还让他们感觉自己很不幸福。所以，我们要学会知足。无论贫还是富，我们都不必和别人攀比，不必奢求荣华富贵、锦衣玉食。只要过好自己的日子，感悟生活的真谛，享受生活带来的快乐，你就会无比幸福。

总之，每个生命都有欠缺，所以你不需要和别人比较，更不必为此生气。别人有比你好的地方，你也有比别人幸运的地方。不再与人作无谓的比较，反而更能珍惜自己所拥有的一切。

凡事不必太较真，糊涂做人最快活

"水至清则无鱼，人至清则无友。"做人不能一点都不在乎，游戏人生，玩世不恭，但也不能太较真，认死理。太认真，就会对什么都看不惯，就会把自己封闭和孤立起来，拒绝与外界沟通和交往。

刘然和张强是大学同学。毕业后，两个人又到了同一家公司工作。由于两个人年龄相仿，又曾同窗，所以很快就成了别人羡慕的一对好朋友。可是，慢慢地，小心眼儿的刘然对张强处处看不顺眼。张强有时候喜欢看一些武侠小说，刘然就说那是在浪费生命，张强有时候喜欢开开玩笑，刘然就说那是嬉皮笑脸的表现。

有一次，张强去外地出差。回来的时候由于公交车上的人太多，稀里糊涂地忘了买票。张强也没把这件事情放在心里，还跟别人开玩笑地说道："咱也算是逃了一回票，体验了一回刺激的感觉。"谁也没把这件事当真，可是，刘然知道了，却在公司里说："有的人人品有问题，还不知羞耻地到处炫耀，真是不害臊！"张强听了，再也忍不住，就对刘然说："请你尊重别人，不要不明情况就胡乱批评。你以为自己很高贵，其实还不是和大家一样。"两个人越说越生气，决定从此之后谁也不理谁。果然，从那时候起，刘然和张强就再也不来往了，就算是走个对面，也不打招呼，低着头各走各的。

本来是一对无话不谈的好朋友，结果却因为一点小事而老死不相往来，实在是不值得。对自己严格要求是好事，但是不应该用一种苛刻的态度来对待别人。喜欢看武侠书，也是一种个人爱好，刘然却说是在浪费生命，这就是在小事上太较真的表现。而从张强的角度来说，别人随意指责自己，尽管会很生气，可是如果选择用一种宽容的态度来对待他，不仅能够缓解两个人之间的矛盾，还能够为自己树立起更好的形象，赢得更多人的尊重。

一个人做事不可以太认真，太认真会对什么事情都较真，对身边的人或事都只能看到瑕疵，而发现不了它们身上的美。人非圣贤，孰能无过。与人相处就要互相谅解，要难得糊涂，要有度量，学会睁一只眼闭一只眼，才能包容他人，这样你才会有很多知己，而且诸事顺利。相反，如果你做事锱铢必较，斤斤计较，无理辩三分，那么，所有人都会远离你，让你处于一个众叛亲离的境地。

但是，要求一个人真正做到不较真、能容人，也不是件简单的事。首先需要有良好的修养、善解人意的思维方法，并且需要从对方的角度设身处地地考虑和处理问题，多一些体谅和理解。

李洁和丈夫经营着两个网吧，她的丈夫好交朋友讲义气，且能说会道，经营有方，生意做得不错。丈夫最大的缺点就是嗜酒如命，且每饮必醉，每醉必骂。李洁是一个温柔的人，见人先带三分笑，无论是八旬老者还是三岁小孩。但她的不足之处是，她见谁都笑，唯独见到喝过酒的老公张口就骂，伸手就打。

有一天，李洁出去办点事，说好了丈夫在家做晚饭。可是等她7点多回到家一看，还是冷锅冷灶，也不见丈夫的影子，打手机去问，说是从外地来了一个朋友，约他吃个饭。李洁气不打一处来，狠狠挂了电话。

等到9点多，丈夫喝得醉醺醺地回来了。“你个挨枪子的！你再去喝呀！干脆喝死算了！”饿着肚子的李洁看见丈夫进门就开始骂。

丈夫一听也火了，推了她一把。这一推仿佛是一把火扔进了汽油桶里，李洁愤怒至极。她扑向丈夫，与丈夫扭打在一起……结果李洁的腿扭伤了，她丈夫的脸也被抓得鲜血淋漓。

后来，两人就闹起了离婚，在朋友的劝解下，好不容易才化解了这场战争，可是硝烟仍然弥漫在二人的周围。李洁一次偶然的机会请教了一位婚姻问题专家，专家对她说：“如果你还想挽救你们的婚姻，只有一个办法，那就是用一颗宽容的心去对待他，睁一只眼，闭一只眼。睁一只眼就是要多挖掘对方的优点，闭一只眼就是尽量忽略掉对方的缺点，做个糊涂的明白人。”

作为夫妻，食的是人间烟火，谁也不可能完美无缺，所以双方都应当学会宽容对方的缺点，只要不是原则性的大问题，就不要求全责备，该装糊涂就装糊涂。对方无意间带给你的小小伤害或不悦，不要总放在心上或挂在嘴边，过去了的事就让它过去。适时地宽容对方，可以消除婚姻的阴影。

俗话说得好：“人无完人。”生活中也是这样。缺点和不足是每个人都有的，任何人都不例外。在人与人的交往中，我们如果总是睁大眼睛观察、计较别人的缺点和不足，那么我们就永远都不会满意对方，我们会嫌弃、厌恶别人，处理不好与同学、同事、朋友、亲人、爱人的关系，会失去朋友，甚至失去亲人和爱人。如果以一份宽容的心看待别人的缺点和不足，闭上一只眼睛，给别人一份信心，给自己一份轻松，生活就会有趣很多。

总之，凡事不必太认真，否则会把自己搞得很累。人生苦短，工作、生活、爱情，我们都应该轻松地应对，凡事都可以淡然处之。不认真就不会在乎，不在乎就不会受伤害。凡事不必太较真儿，不要求全责备，该装糊涂时就装糊涂，这才是潇洒的处世哲学。

第四章
轻视所谓的困难，自然会心情愉悦

把磨难当成人生的小插曲

人生是一条漫长的旅途。在旅途中你会经历平坦的大道，也会遭遇崎岖的小路；沿途会看见灿烂迷人的鲜花，也会路过丛生密布的荆棘。在这个过程中每个人都会遭受挫折，而生命的价值就是坚强地闯过挫折，冲出坎坷！就算你在奔跑的时候不慎跌倒，也不要乞求别人把你扶起；你失去的东西，也不要乞求别人替你找回。凡事都要靠自己，只有自己爬起来，才能活得更好。

伊娜·贝莉奥是美国家喻户晓的企业界“女明星”，她的成功让人们在惊叹之余明白了坚韧的可贵。

伊娜15岁时，父母便双双去世。少年的伊娜，无依无靠，孤苦伶仃。万般无奈之下，只好投奔叔叔，寄居在叔叔家里。叔叔是一个商人，家产颇丰。然而他收留伊娜，有一个不可告人的目的，就是想让伊娜与自己有些痴呆的儿子结婚。寄人篱下的伊娜，痛恨叔叔自私与冷酷的同时，也真正感受到了世态的炎凉。她陷入了进退两难的境地：留下来，就必须得和那个傻子结婚；离开叔叔，又举目无亲，再也没有其他可托付依靠之人，而自己尚且年幼，如何继续今后的生活？但人是站着生活的，俯首乞食的生活，毫无意义可言。伊娜最终选择了离开。

离开叔叔家后的生活虽然艰苦，但伊娜从未放弃对生活的追求。

她变卖了父母遗留的微薄家产，在一条小胡同开了家小裁缝店，开始用自己稚嫩的双肩，挑起生活的重担。由于她经营有方，总是对生活充满信心，总是微笑着面对各种困难，顾客们对她也很照顾，所以生意还不错。伊娜终于可以在生活的重压下松口气，走过噩梦般的一段路程，她总算找到了一线曙光。

不久，伊娜认识了一个珠宝商人，两人在不断交往中，产生了爱情。后来他们结了婚，感情很深，又有了个可爱的孩子，真可谓幸福美满。然而好景不长，命运又一次剥夺了她的幸福——丈夫因心脏病突然去世。难道真是命该如此吗？难道真是命运的捉弄吗？伊娜没有向命运屈服。从来好事多磨难，自古瓜儿苦后甜。经历过人生风浪的伊娜，坚信通过自己的努力拼搏，一定会苦尽甘来。“今后怎么办？”伊娜苦苦思索着。虽然丈夫生前的好友愿意解囊相助，但伊娜谢绝了他们的好意。她已习惯了自强自立，不愿接受别人的施舍，因为她认为这样只会消磨自己的意志，丢失自己的信心。最后，她决定将自己的裁缝店做大，在服装界开创自己的事业。善于动脑筋的伊娜，经过反复的思考、比较，最终开了一家专制女性内衣的店铺。她倾其所有，购置了先进机器，还雇用了一些女工，专门聘请裁缝师，自己亲任总经理。很快，就赚回了本钱，还有了盈利。她的事业渐渐地发展了起来，她也成了服装界的名人。

如今的伊娜，不仅为美国服装界做出了巨大的贡献，自己也享受到了成功所带来的甘甜。看到她今日的成就，谁会想到她曾是失去双亲的孤苦少女？谁会想到她曾经历过失去丈夫的切肤之痛？伊娜用自己坚忍的意志，自强不息，开创了自己的天地。

不要害怕痛苦和挫折，痛苦和挫折其实是一种新生，不经历风雨，怎能见彩虹。没有挫折的人生绝不是完美的人生。当你遭遇挫折的时候，你会对成功有更深一层的感悟，就是在这样一次次的感悟中，你才能不断成熟，不断进步。

拿破仑说得好："在地狱中，人能创造天堂，在天堂中人能创造地狱。人只有尽善尽美地发挥自己的能动性，才能在艰难困苦中屹立不倒。人是环境的主宰，是不可战胜的。"困境是生活的一种形式，面对困境微笑，是对自己的一种鼓励。敢于面对生活，敢于面对困境的人，才是命运的掌控者。

一天早上，欧文与几个建筑工人，爬上一幢小房子的屋顶工作。那天天气极其闷热，而他们所做的工作又异常棘手。欧文当时正在一个木架上工作，主管向他递一件工具，欧文伸手去取的时候，忽然，一根木条因不能承托他的重量而折断了，他踩了个空。这一跌差点送了欧文的命，因为他180斤重的庞大身躯是头先着地的。

欧文后来回忆说："我的头先着地，跟着身体下压，使我的前额像扭扭棒一样扭曲地顶住我的胸膛。在那一刻，双脚已没有知觉了。

"当别人把我的头放在枕头上时，我才开始感觉到痛，那痛越来越厉害，我只好叫他们把枕头移走。我觉得头颅与身躯好像只有一根线连着。每次我把头稍作移动，痛就会加剧。就好像那根线快要断了，头颅也要与身体分家了。我挣扎着保持清醒。

"不久，救援队到了，他们要把担架放在我的身躯下，我非常害怕，因为我已经疼痛难忍了。不过，医生不断地安慰我，同时以利落的专业手法移动我，使我的痛苦不致增加太大。

"在医院里，脑科专家把我移上X光台，然后把我的头移到照X光的最佳位置。我以前虽然也经历过痛苦，但那一次的经历毕生难忘。不久，X光报告出来了，我的椎骨在第五和第六节之间折断了。

"那一夜，我半睡半醒，反复回忆当天所发生的事。

"就在这既痛苦又迷糊的时候，我记起罗斯福总统的话：'我们需

要害怕的，就是害怕本身。’

“第二天当我醒来时，头部两旁的支架提醒了我身在何方。不久我发觉，我活动愈少，痛苦就会愈少。我觉得胸口以下像木乃伊一样。这种感觉非常恐怖，因为这意味着我的知觉已完全丧失了。”

以后数周，一切测试都证明欧文已终身残疾。但他仍抱有希望，他希望会有奇迹发生，他的椎骨会愈合，为大脑传递信息。

因此，他全心全意去找寻恢复之道，想知道怎样做才可以使自己恢复。他并没有向医生问及自己的情况，因为他从两个护士的对话中，已经知道自己四肢瘫痪了。欧文从未见过四肢瘫痪的人，但此刻他知道自己头颈以下的身躯已不能再动了！

这位年轻人要面对的是无比艰辛的日子，但没有人比他更坚强。

他说：“我要活下去。我要凭着坚强的意志活下去。我要激发求生的欲望。我要撑下去，我要去医治，我要发挥自己的潜能。我永不放弃！”

八年后，欧文仍需要以轮椅代步，但他仍说他的生活是美好的。

他说：“我不会让自责、埋怨和憎恨充满每一天。我深信憎恨只会带来痛苦。我要带着爱去生活，虽然我的身体残疾，但我的心仍健全。真正伤残的人，是那些只以外表完美作为美的标准的人。

“在超级市场坐着电动轮椅在货架间穿行时，小朋友会瞪大好奇的眼睛望着我，但我只要向他们笑笑或眨一下眼就可以应付了。有一次，一个小朋友还对我说：‘哇，你真勇敢啊！’”

欧文现在有了自己的生意。此外，他还在电话辅导中心当义务咨询员。

欧文找到了生活的希望。

有句话说得好：喜悦在生命转弯的地方。如果人们只看到废墟，而未看到废墟带来的巨大财富，就很难发现拐角处的惊喜。若目光短浅，只盯住失败、逆境、苦难，生活就少了获得转机的可能性，与其如此，何不把生活给予我们的磨难当成一种乐趣。人生路上我们习惯了平坦，挫折就仿佛是个弯道，是个幽曲的小径，一旦转过去，我们或许会因此发现一片更美丽的风景，获得意外的收获。

如果事与愿违，请相信上天一定另有安排

当你的生活陷入寸步难行的时候，当失败接踵而至的时候，当烦恼左右你的心灵挥之不去的时候，你要相信，这个世界上，总有一扇门为你而开。只要你打开了这道门，生活便会呈现柳暗花明的景观。也许这扇门很难打开，但只要你用力撞击，门外的风景定会呈现在你的眼前。

刘芳的父母早亡，她又没有太亲近的人，从小就在村里流浪，靠村民的施舍度日，当然，上学对她来说更是奢望。

在她10岁那年，她离开了生她养她的村子，到大城市里以捡破烂为生，并且与一位同样艰难度日的老婆婆相依为命。但刘芳是个坚强而好学的姑娘，她用捡破烂的钱买来纸笔学写字，趴在教室外听课……

后来，她在一家公司找了一份保洁的工作，用微薄的工资生活，还经常买书学习。23岁那年，刘芳参加了成人高考。

正当生活有了转机的时候，她得了肝病，工作没有了，学习也被迫中断。无力支付药费的刘芳也曾想过就此了却一生，但她永远忘不了充

满苦难的童年，舍不得曾收留她的老婆婆。于是刘芳回到家乡，在乡亲们的帮助和自己的努力下，看好了病。生活并没有那么一帆风顺，一次下大雨，坍塌的泥墙砸断了她的一条腿，她落下了终身残疾。乐观的刘芳没有因此而退却，她决心凭自己的努力闯出一片天地。

她拄着拐杖，跑遍了各地，寻找致富门路，最后结合家乡地广人稀的特点，发展了药材种植业。

创业的艰辛对于一个残疾姑娘来说，那种艰苦很难想象。但刘芳却凭着一股韧劲儿，硬是挺了过来。

现在，她已是一家药材公司的总经理，并且又在开发养殖业，但旁人从不知道，在她成功的笑容背后有多少血与泪。

不幸是幸运的使者。就像“冬天来了，春天还会远吗”一样，当你经历挫折的时候，成功也许就在前面等你。只要你坚强地走下去，没人能阻止你与成功相遇。

在人生道路上，不可能一帆风顺，大多数人的人生道路是崎岖不平的。而正是由于这曲折的人生风景线，才使得生命更充实、更有意义。我们不要因为一时的失败而灰心丧气、怨天尤人，而应该勇敢面对，努力拼搏，始终坚信“阳光总在风雨后”。

现在，肯德基的连锁快餐店已经遍布了全球。在我们的眼里，其创始人哈伦德·山德士是一个幸运儿，是一位成功人士。可是，我们看到的只是他成功后的光鲜，他成功背后的艰辛我们却无法想象。

山德士5岁的时候，父亲就去世了。由于家里经济条件不好，14岁那年，他被迫从格林伍德学校辍学，成了一名靠自己劳动糊口的少年。起初山德士只能在农场干杂活，后来他找到了一份在电车上当售票员的工作。但是上帝好像特别喜欢跟这个小伙子开玩笑，两年后，他又失业了。

山德士在16岁那年谎报年龄参军到了部队，但是军旅生涯对于他来说糟透了。一年的服役期满后，山德士去了亚拉巴马州，在那里他开了一家铁匠铺，但不久后就倒闭了。无奈之下，山德士又开始了另一份工作——在南方铁路公司当机车锅炉工，他非常喜欢这份工作，并全心全意地去做好。

山德士工作稳定下来后，在18岁时与一个心爱的女孩结了婚。但仅仅过了几个月，他就莫名其妙地被解雇了。当他拿着解聘书回家时，妻子交给了他一张医院的化验单——妻子怀孕了。

为了妻子和孩子，山德士又开始疯狂地找工作，只要能赚到钱，再苦再累的活他都乐意去干。但是，无法忍受贫穷的妻子趁他在外奔波时，席卷所有的财产，逃回了娘家。

紧接着，经济大萧条开始了，到处都是失业者。但是，山德士并没有被这一连串的失败打倒。山德士确实非常努力了，但幸运女神总是没有眷顾他。

在接下来的日子里，山德士边打零工边通过函授学习法律。但因生计所迫，他再一次放弃了学业。这期间，他卖过保险，推销过轮胎，经营过一条渡船，还开过一家加油站，但无论他怎么努力，最终都失败了。

"你就认命吧！你永远也成功不了，你身上的每一个细胞都含着失败的基因。"朋友劝他说。

"不，我不相信！我要努力！"山德士反驳道。

这一次，山德士策划着一次绑架行动，将要被绑架的人则是他自己的女儿。他观察过女儿的日常生活，知道她每天下午2点到3点之间，总会从外公的家里出来玩。尽管自己的日子过得很糟糕，但是，山德士仍想从离家出走的妻子那里夺回自己的女儿。虽然绑架的行为很可耻，他也痛恨自己的行为，但他不愿意放弃，他太希望得到自己的女儿了。

但是，命运之神又与他开了一个玩笑——一整个下午，他的女儿都未出来玩。

后来，山德士成了一家小餐厅的主厨。当山德士终于可以松一口气，以为命运女神已为他戴上花环的时候，一条新修的公路刚好穿过那家餐厅，餐厅被拆除了，他又一次失业了。

接着，山德士就到了退休的年龄。当然，他不是第一个，也绝不是最后一个到了晚年还没有做过什么值得骄傲的事情的人。日子在平淡中一天天过去，眼看一辈子就要以一无所有而告终时，此时的山德士感到非常酸楚。

一天，一位邮差为他送来了他的第一份社会保险支票。

“什么？养老支票！我老了吗？”山德士愤怒了。他收下支票后，打算用它开创新的事业。

最后，这位倔强的老人终于在88岁高龄时取得了成功。肯德基从此风靡全球。

每一个强大的人都经历过一段没人帮忙、没人支持、没人嘘寒问暖的日子。如果你挺过去了，这就是你的成人礼；挺不过去，这就是你的无底洞。

不管正在经历怎样的挣扎和挑战，我们或许都只有一个选择：虽然痛苦，却依然要相信未来。

天上下雨地下滑，自己跌倒自己爬

有人问一个小孩子，怎样才能学会溜冰。小孩回答：“每次跌倒后，立刻爬起来！”跌倒后，立刻爬起来，向失败夺取胜利，这也是自古以来伟大人物的成功秘诀。

一位父亲很为他的小孩苦恼，都已经十五六岁了，一点男子汉气概都没有。他去拜访一位禅师，请求这位禅师帮他训练他的小孩。

禅师说：“你把小孩留在我这边三个月，这三个月你都不可以来看他。三个月后，我一定可以把你的小孩训练成一个真正的男子汉。”

三个月后，小孩的父亲来接小孩。禅师安排了一场空手道比赛来向父亲展示这三个月的训练成果。被安排与小孩对打的是空手道的教练。

教练一出手，这小孩便应声倒地。但是小孩立刻又站了起来继续接受挑战。

倒下去又站起来……如此来来回回总共十六次。

禅师问父亲：“你觉得你的小孩的表现够不够男子汉气概？”

“我简直羞愧死了，想不到我送他来这里受训三个月，我所看到的结果是他这么不经打，被人一打就倒。”父亲回答。

禅师说：“我很遗憾你只看到了表面的胜负，而没有看到你儿子那种倒下去立刻又站起来的勇气及毅力，那才是真正的男子汉气概。”

正是因为一次次的“跌倒”，小孩增强了自己的勇气，磨炼了自己的意志，增加了自己的信心，提高了自己的斗志。

“跌倒了再爬起来”，看起来是一句鼓舞失败者最好的话，但是要真正实现起来，需要的是自我鼓励的品质和勇气。

人不可能总是一帆风顺，如果跌倒了就此趴下，一蹶不振，永远不会到达胜利的巅峰，而跌倒了再爬起来总是会有成功的希望。

美国“百货大王”梅西于1882年生于波士顿，年轻时出过海，以后开了一间小杂货铺，卖些针线，铺子很快就倒闭了。一年后他另开了一家小杂货铺，仍以失败告终。

在淘金热席卷美国时，梅西在加利福尼亚开了个小饭馆，本以为供应淘金客膳食是稳赚不赔的买卖，岂料多数淘金者一无所获，什么也买不起，这样一来，饭馆又倒闭了。

回到马萨诸塞州之后，梅西满怀信心地干起了布匹服装生意，可是这一回他不只是倒闭，简直是彻底破产，赔了个精光。

不死心的梅西又跑去做布匹服装生意，这一回他时来运转了。虽然头一天开张时账面上才收入11.08美元，但现在位于曼哈顿中心地区的梅西公司已经成为世界上最大的百货商店之一了。

人生在世，谁都会遇到挫折和失败，我们要勇敢地站起来，以自信、乐观去拥抱生活，感谢生活给了我们一个锻炼的机会，给了我们一次刻骨铭心的经历。跌倒了再爬起来，可以磨炼一个人的意志，给人以丰富的经验，增强性格的坚韧性和提高解决问题的能力，可以引导一个人产生创造性变迁，进而寻找到更好的人生道路。

多少人跌倒在这条路上，就再也没有爬起来，多少人把这条路看得遥远可怕，以为是不可走的。这些都是弱者的表现。对于强者来说，跌倒一次算什么，只要爬起来，同样可以笔直地站在蓝天下，继续往前走。

美国著名电台广播员莎莉·拉菲尔在她30年职业生涯中，曾经被辞退18次，可是她每次都放眼最高处，确立更远大的目标。最初由于美国大部分的无线电台认为女性不能吸引观众，没有一家电台愿意雇用她。她好不容易在纽约的一家电台谋求到一份差事，不久又遭辞退，理由是她跟不上时代潮流。莎莉并没有因此而灰心丧气。她总结了失败的教训之后，又向美国广播公司电台推销她的清谈节目构想。电台勉强答应了，但要求她先在政治台主持节目。“我对政治所知不多，恐怕很难成功。”她也一度犹豫，但坚定的信心促使她大胆去尝试。她对广播早已轻车熟路了，于是她利用自己的长处和平易近人的作风，大谈即将到来的国庆节对她自己有何种意义，还请观众打电话来畅谈他们的感受。听众立刻对这个节目产生了兴趣，她也因此而一举成名。如今，莎莉·拉菲尔已经成为自办电视节目的主持人，曾获得过众多主持人奖项。她说：“被人辞退18次，本来会被这些厄运所吓退，做不成我想做的事情。结果相反，它们更激励我勇往直前。”

在漫长的生命过程中，相信每个人都会有“跌倒”的时候，无论你因为什么跌倒了，跌得如何，一定要记住：爬起来！爬起来之后，“跌倒”的过程就变得微不足道了，在跌倒后爬起来的一刹那，已经证明你拥有了获得成功的可能，跌倒处已经成为你生活中的另一个起点。

困难是弹簧，你弱它就强

英国诗人波普曾说过：“并非每一个灾难都是祸，早临的逆境常是幸福。困难，不仅给了我们教训，还对我们历次的奋斗有所激励。”在人生的道路上，难免会遇到这样或那样的困难与失败、挫折与痛苦，我们要掌握有效的战胜困难、挫折与痛苦的方法，迎难而上，开拓进取。

那天的风雪真大，鼻头红红的布鲁斯老师走进教室时，一反常态，满脸的严肃庄重。乱哄哄的教室静了下来，学生们惊异地望着布鲁斯先生。

“请同学们放好书本，我们到操场上去。”

操场在学校的东北角，篮球架被大雪打得“啪啪”作响，卷地而起的雪粒雪沫呛得人睁不开眼、张不开口。寒风像无数把细窄的刀划在脸上，厚实的衣服像铁甲冰块，脚像是踩在带冰碴的水里。

学生们挤在教室的屋檐下，不肯迈向操场半步。布鲁斯先生没有说什么，面对学生们站定，脱下羽绒衣，只穿了一件白衬衣，更显单薄。

“到操场上去，站好。”布鲁斯先生脸色苍白，一字一顿地对学生们说。

谁也没有吭声，学生们老老实实地到操场上排好了三列纵队，规规矩矩地站立着。

5分钟过去了，布鲁斯先生平静地说：“解散。”

回到教室，布鲁斯先生说：“在教室时，我们都以为自己敌不过那场风雪。事实上，叫你们站半个小时，你们也顶得住，叫你们只穿一件衬衫，你们也顶得住。面对困难，许多人戴了放大镜，但和困难拼搏一番，你会觉得，困难不过如此……”

学生们很庆幸，自己没有缩在教室里，在那风雪交加的时候，在那个空旷的操场上，他们上了人生重要的一课。同时，也懂得了温室和风雪在个人成长中的意义。

我们知道，人生之路，就是不断地战胜困难和面对考验的路。虽然说困难总是让人痛苦的，人们更是不愿遇到困难，但是通过困难的磨炼也的确会使人变得成熟，从这个角度讲，困难又不是一件坏事。可以说，困难是磨砺人生的基石，只有在困难面前毫无怯意，经过艰苦的磨炼，才能成就伟大的事业，而那些面对困难胆怯、畏缩、逃避的人，是不会有所建树的，更谈不上有何惊人的业绩了。所以，当困难降临时，我们就不该逃避、不该抱怨，而应该以坦然、积极乐观的态度对待困难，最终战胜困难。

一位哲人说过：“一个人绝对不可在遇到困难时，背过身去试图逃避。若是这样做，只会使困难加倍。相反，如果面对它毫不退缩，困难便会减半。”在人生的旅途上，遇到各种各样的困难是在所难免的。面对困难，是想方设法战胜它，还是绕道走？勇敢者的选择只能是前者。因为只有勇敢地战胜困难，我们的人生才有意义，我们的事业才能成功。

希拉斯·菲尔德先生退休的时候已经积攒了一大笔钱，然而这时他又突发奇想，想在大西洋的海底铺设一条连接欧洲和美国的电缆。随后，他就全身心地开始推动这项事业。前期基础性的工作包括建造一条1000英里（1英里=1.6公里）长、从纽约到纽芬兰圣约翰的电报线路。纽芬兰400英里长的电报线路要从人迹罕至的森林中穿过，所以，要完成这项工作不仅包括建一条电报线路，还包括建同样长的一条公路。此外，还包括穿越布雷顿角全岛共440英里长的线路，再加上铺设跨越圣劳伦斯海峡的电缆，整个工程十分浩大。菲尔德使尽浑身解数，总算从英国政府那里得到了资助。然而，他的方案在议会遭到了强烈的反对，在上议院仅以一票之差多数通过。随后，铺设工作就开始了。电缆一头拉在停泊于塞巴斯托波尔港的英国旗舰“阿伽门农”号上，另一头放在美国海军新造的豪华护卫舰“尼亚加拉”号上，两船相对而开。不过，就在电缆铺设到5英里的时候，突然被卷到了机器里面，断了。

菲尔德不甘心，进行了第二次试验。在这次试验中，电缆在铺设到200英里长的时候，电流突然中断了，船上的人们在甲板上焦急地踱来踱去，好像死神就要降临一样。就在菲尔德先生即将命令割断电缆、放弃这次试验时，电流突然又神奇地出现了，一如它神奇地消失一样。漆黑的夜里，船以每小时四英里的速度缓缓航行，电缆的铺设也以每小时四英里的速度进行着。这时，其中一艘军舰突然发生了一次严重倾斜，制动器紧急制动，不巧又拉断了电缆。

菲尔德并不是一个容易放弃的人。他又订购了700英里的电缆，而且还聘请了一个专家，请其设计一台更好的机器，以完成这么长的铺设任务。后来，英美两国的技术专家联手才把机器赶制出来。最终，两艘军舰在大西洋会合了，电缆也接上了头，随后，两艘军舰继续航行，一艘驶向爱尔兰，另一艘驶向纽芬兰，结果两船分开不到三英里，电缆又断开了。待再次接上后，两船继续航行，到了相隔8英里的时候，电流又没有了。电流有了之后，铺了200英里，电缆又断开了，两艘军舰最后不得不返回爱尔兰海岸。

参与此事的人一个个都泄了气，公众舆论也对此流露出怀疑的态度，投资者对这一项目也失去了信心，不愿再投资。这时候，如果不是菲尔德先生百折不挠的精神，不是他天才的说服力，这一项目很可能就此放弃了。而菲尔德抱着必胜的信心继续为此日夜操劳，甚至到了废寝忘食的地步。他决不甘心失败。

于是，第三次试验又开始了，这次总算一切顺利，全部电缆铺设完毕而没有任何中断，几条消息也通过这条海底电缆发送了出去，一切似乎就要大功告成了，但突然电流又中断了。这时候，除了菲尔德和一两个朋友外，几乎没有人不感到绝望的。但他们始终抱有信心，正是由于这种坚持不懈的毅力，他们最终又找到了投资人，开始了新的一次尝试。他们买来了质量更好的电缆，这次执行铺设任务的是“大东方”号，它缓缓驶向大洋，一路把电缆铺设了下去。一切都很顺利，但最后在铺设横跨纽芬兰600英里电缆线路时，电缆突然又被折断了，掉入了海底。他们打捞了几次，但都没有成功。于是，这项工作就耽搁了下来，而且一搁就是一年。

菲尔德没有被困难所吓倒。他组建了一个新的公司，继续从事这项工作，而且制造出了一种性能远优于普通电缆的新型电缆。1866年7月13日，新一次试验又开始了，并顺利接通，发出了第一份横跨大西洋的电报。电报内容是：“7月27日，我们晚上9点到达目的地，一切顺利。感谢上帝！电缆都铺好了，运行完全正常。希拉斯·菲尔德。”

不久以后，原先那条落入海底的电缆又被打捞了上来，重新接上，一直连到纽芬兰。现在，这两条电缆线路仍然在使用。

漫漫人生路，免不了有几块绊脚的石头。当你被绊倒时，你该如何选择？是从此倒下再也不爬起来，还是勇敢地爬起来拍拍身上的土，微笑着继续前进？无疑，生活的强者必定是后者！困难只是生活的弱者害怕继续前进的借口，生活的强者会把困难看作瞬间而过的流星，相信它定会过去，而且我们的生命会因此而更加灿烂！所以，让我们坚强起来，用微笑去面对人生中的失败与困难，做一个生活的强者！

在磨难中砥砺，让自己更强大

有这样一个小故事：

有一天上帝心血来潮，来到他所创造的土地上散步，看到小麦果实累累，感到非常开心。一位农夫看到上帝，说："仁慈的上帝！这五十年来，我没有一天停止过祈祷年年不要有大风雨，不要有冰雹，不要干旱，不要有虫害，可是不论我怎么祈祷，总不能样样如愿。"上帝回答："我创造世界，也创造了风雨，创造了干旱，创造了蝗虫与鸟雀，我创造了不能如你所愿的世界。"农夫突然跪下来，吻着上帝的脚："全能的主呀！您可不可以明年允诺我的请求，只要一年的时间，不要大风雨、不要烈日干旱、不要有虫害？"上帝说："好吧，明年不管别人如何，你一定能如愿。"

第二年，因为没有任何狂风暴雨、烈日与灾害，麦穗比平常多了一倍还多，农夫兴奋不已。可等收获的时候，奇怪的事情发生了：农夫的麦穗竟是瘪瘪的，没有什么籽粒。农夫含着眼泪跪下来，向上帝问道："仁慈的主，这是怎么一回事，您是不是搞错了什么？"上帝说："我没有搞错什么，因为你的麦子避开了所有的考验，麦子变得十分无能。对于一粒麦子，努力奋斗是不可避免的。一些风雨是必要的，烈日更是必要的，甚至蝗虫也是必要的，因为它们可以唤醒麦子内在的灵魂。"

麦子不经历风雨和烈日就不会长出饱满的籽粒，这对人类有什么影响呢？一个人不经历挫折，就不会有大作为。

古往今来，有许多名人都是经过风雨的洗礼后才获得成功的。司马迁虽遭受宫刑，蒙受大辱，但却顶过磨难，发愤写完了辉煌巨著——《史记》；张士柏经历了从游泳健将到高位截瘫的巨大变化，却并未因此一蹶不振，反而将它化为动力，勤奋学习，完成了许多健康人都做不到的事情；德国诗人海涅生前最后八年是在“被褥的坟墓”中度过的，他手脚不能动弹，眼睛半瞎，但生命之火不灭，吟出了大量誉满人间的优秀诗篇。这些经历过风雨洗礼的人，就如同是野外的小草，饱经风雨蹂躏却不倒伏，而那些温室里的“花朵”的生命力又怎么能与它们相比呢？

贝基拉出生在埃塞俄比亚一个贫苦的家庭，小的时候他渴望成为一名驰骋赛场的长跑健将。但极度贫寒的家境，使他不仅拿不出训练费，连最便宜的普通跑鞋也买不起。

一天，一位跨栏教练员听了贝基拉的倾诉，将他带到一组很矮的栏杆前，让他一路跑过去，他轻松地跨越了一个个栏杆。教练员又指了指那组已升高到足有1.5米的栏杆让他再试一试，他努力了好几次，也没能跨过去。

这时，教练员平静地告诉他：“孩子，你刚才所说的那些困难，就像眼前的这一道道栏杆。你现在跨不过去，但可以在一次次的失败后，最终跨越它们，你还可以踢翻它们，也可以绕过它们。你只需盯准前方，只管努力地向前奔跑，相信没有什么可以拦住你去实现你的梦想。”

贝基拉又一次燃起了希望，从此，买不起跑鞋的贝基拉开始了坚定而执着的赤脚奔跑训练，广袤的原野、泥泞的山路、坚硬的戈壁滩上……随处可见他奔跑的身影，他已练出了一双铁脚板。数年后，他成了埃塞俄比亚著名的马拉松运动员。

1960年罗马奥运会马拉松赛场上，贝基拉一出现，便引起人们的关注，因为他是唯一赤脚的运动员。在数万名现场观众热烈的掌声中，贝基拉为他的祖国赢得了一块沉甸甸的金牌。

1964年，距东京奥运会开幕还有20多天，贝基拉动了一次手术，很多人以为他会放弃比赛。然而，32岁的他不仅出现在马拉松赛场上，而且再夺金牌，成为奥运史上第一个蝉联这个项目冠军的选手，也成为埃塞俄比亚的民族英雄。

赛后，面对记者的采访，贝基拉激动地感慨道："一切都很简单，只要站在跑道上，就没有什么障碍可以阻碍奔跑的雄心，我只管向前，再向前，一路向前地奔赴梦想的终点。"

常言道："自古英雄多磨难。"磨难是检验我们心志的一种最好方式。不要抱怨生活中遇到的困难与挫折，我们应把这当成磨炼自己的机会。无论什么人，做什么事情，都会碰到这样或那样的困难，都需要具有坚强的意志和毅力，而在努力的过程中，我们只有知难而进、迎难而上，才能在各自的领域上取得成功。

王婷的人生充满了坎坷。王婷的父母是上海知青，她出生在江西农村。8个月大时，她不幸患小儿麻痹症。由于误诊，错过了最佳治疗时机，双腿瘫痪。

王婷说："我从来就不知道走路是什么滋味。可我从没为此恨过、哭过。因为，就算恨了、哭了，也换不回健康的双腿。"

从小，这个乐观坚强的女孩就懂得用笑面对命运的不公。虽然自己的身体不能站起来，但她的精神和意志却早已从轮椅上站了起来。

随着年龄的增长，挑战越来越多。尽管她在初中升学考试中考了高分，但是所有学校在得知她有残疾后都将她拒之门外。

在家静休一年后，她尝试就业。但即使有很多好心人积极帮助，工作还是没有着落。她深深记得求职时听到的一句风凉话："人家健全人还有那么多下岗的等着安排，你来凑什么热闹？"

然而，王婷说："这不怪人家，想想自己那时候能做什么呢？"

1999年，她终于迎来了人生的转机。王婷被专业教练选中，开始从事轮椅竞速训练，翌年在第五届全国残运会上一举拿下5枚金牌，一夜成名。此后，她又练起了投掷项目，并多次在国际大赛中为国争光。后来，她又获得了残奥会的金牌。

王婷用灿烂的笑容和骄人的成绩演奏了一曲自强不息的生命赞歌。她也用行动向世人诠释了一个道理：即使跌得再惨，只要有勇气站起来，生命同样可以奏出辉煌的乐章。

无论摆在面前的是挫折、苦痛，还是阻碍。只有不断地向前，才能走出人生路上的困境，才能找到自己的出路，最终获得属于自己的一片天空。如果每个人都拥有这样的信念，那每个人都可以克服一切困难。

没有绝望的环境，只有失望的人

没有人一生都是一帆风顺的，任何一个人随时都会遇到逆境。英国哲学家培根说过："超越自然的奇迹多是在对逆境的征服中出现的。"关键的问题是应该如何面对逆境。当逆境降临到你的面前时，你应以怎样的心态对待它，便成了人生归宿的契机。

很久以前，在法国里昂的一个盛大宴会上，来宾们就一幅绘画到底是表现了古希腊神话中的某些场景，还是描绘了古希腊真实的历史画面展开了激烈的争论。看到来宾们一个个面红耳赤，吵得不可开交，气氛越来越紧张，主人灵机一动，转身请旁边的一个侍者来解释一下画面的意境。

这是一位地位卑微的侍者，他甚至根本就没有发言的权利，来宾们对主人的行为感到不可思议。但这位侍者的解释却令所有在座的客人都大为震惊，因为他对整个画面所表现的主题做了非常细致入微的描述。他的思路非常清晰，理解非常深刻，而且观点几乎无可辩驳。因而，这位侍者立刻就解决了争端，在场的所有人无不心悦诚服。

大家对这位侍者一下子产生了兴趣。

“请问您是在哪所学校接受教育的，先生？”在座的一位客人带着极其尊敬的口吻询问这位侍者。

“我在许多学校接受过教育，阁下，”年轻的侍者回答说，“但是，我在其中学习时间最长，并且学到的东西最多的那所学校叫作‘逆境’。”

这位侍者的名字叫作让·雅克·卢梭。他的一生确实都是在逆境中度过的。早年贫寒交迫的生活，使得卢梭有机会成为一个对社会有着深刻认识的人，尽管他那时只是一个地位卑微的侍者。然而，他却是那个时代整个法国最伟大的天才，他的思想甚至对今天的生活仍有着重要的影响。卢梭的名字和他那闪烁着智慧火花的著作，就像暗夜里的闪电一样照亮了整个欧洲。

就像卢梭说的那样，他这一切伟大成就的取得，莫不得益于那所叫作“逆境”的学校。许多人要是没有遇到逆境，他们是不会发现自己真正的强项的。他们若不是遇到极大的挫折，不遇到对他们生命巨大的打击，就不知道怎样激发自己内部贮藏的力量。

大家是否知道，所有的逆境并不是生活的大不幸，最大的不幸是没有能力战胜厄运？愤怒，消沉，自暴自弃都是无用的，相反，化愤怒为力量成就大事，借厄运之机磨炼意志，人才能扭转困难的局面，成为生活的胜者。

逆境给人才成长制造困难，形成压力，使人才成长备受挫折。但是，正如《菜根谭》中所说："居逆境中，周身皆针砭药石，砥节砺行而不觉；处顺境时，眼前尽兵刃戈矛，销膏靡骨而不知。"久处顺境，易生骄奢淫逸和惰性。而人在身陷逆境时，资源匮乏，精神压抑，成功欲望迫切，成才动机强烈，因此常常能够取得在顺境中难以取得的巨大成功。事实正是如此，豪门子弟多不成器。而出身贫寒者始终处于忧患之中，逆境使人别无选择，逆境虽给人很大压力，但压力能激发出强劲动力。

被誉为"经营之神"的松下幸之助9岁起就去大阪做一个小伙计，后来，父亲的过早去世又使得15岁的他不得不挑起生活的重担，寄人篱下的生活使他过早地体验了生活的艰辛。

22岁那年，他晋升为一家电灯公司的检查员。就在这时，松下幸之助发现自己得了家族病，已经有9位家人在30岁前因为家族病离开了人世。他没了退路，反而对可能发生的事情做了充分的思想准备，这也使他形成了一套与疾病做斗争的办法：不断调整自己的心态，以平常之心面对疾病，调动机体自身的免疫力、抵抗力与病魔斗争，使自己保持旺盛的精力。这样的过程持续了一年，他的身体变得结实起来，内心也越来越坚强，这种心态影响了他的一生。

患病一年来的苦苦思索，改良插座的愿望受阻后，他决心辞去公司的工作，开始独立经营插座生意。创业之初，正逢第一次世界大战，物价飞涨，而松下幸之助手里的所有资金加起来还不到100元。公司成立后，最初的产品是插座和灯头，却因销量不佳，使得工厂到了难以维持的地步，员工相继离去，松下幸之助的境况变得更糟糕了。

但他把这一切都看成是创业的必然经历，他对自己说："再下点功夫，总会成功的！已有更接近成功的把握了。"他相信：只要坚持下去，就能取得成功。功夫不负有心人，他的生意逐渐有了转机，直到6年后拿出第一件像样的产品，也就是自行车前灯时，公司才慢慢走出了困境。

1929年经济危机席卷全球，日本也未能幸免，大量产品销量锐减，库存激增。1945年，日本的战败使得松下幸之助变得几乎一无所有，并且还欠下了10亿元的巨额债务。为抗议把公司定为财阀，松下幸之助不下50次去美军司令部进行交涉。终于改变了公司的命运。

一次又一次的打击并没有击垮松下幸之助，如今松下电器已经成为享誉全世界的知名品牌，而这个品牌也是在不断的磨砺之中逐渐成长起来的。

逆境是促使人奋发向上的动力，是锻炼一个人意志的火炉。俗语说："逆境是检验强者和弱者的试金石，也是造就英雄和豪杰的先决条件。"这句话是说，如果一个人能够在逆境中脱颖而出，那么这个人就一定有卓越的成就。也就是说，任何人在逆境中只要奋勇前进，就可以成才。

面对逆境，沮丧、灰心、绝望地悲叹命运不公都无济于事。在逆境中，我们要保持一颗乐观向上的心，坦然面对失败。从现在开始，凭借自身有的力量，挑战生活，挑战逆境，我们相信，任何困难和艰险都不会阻碍我们迈向成功的步伐。只有历经磨难，才能到达巅峰，才能看到最美的风景，逆境不可怕，可怕的是没有挑战逆境的勇气。只有认真、努力地对待逆境，它才会变成一条蜿蜒的小路，将我们导引向成功的殿堂。

理性看待成败，冷静才能反败为胜

人的一生是一个漫长的旅途，不要因为一时的失败就否定自己，境况再糟糕也要有从头再来的勇气。你没有理由抱怨自己的现状太糟，哪怕你现在一无所有，也只不过是回到了起点从头再来，没什么大不了的。

失败是你错误想法的结束，也是你选择正确做法的开始。你不在失败中重新发迹，就会在失败中永远坠落。

她是一位优秀的跳水运动员，这次，她要去参加一个重要的国际比赛。无论是教练还是观众，都一致认为她是最有希望夺得冠军的人选。她不负众望，发挥稳定，表现出色，以一个个高难度的动作征服了评委。

但就在最后一跳的时候，大家以为冠军非她莫属了，可惜她竟然出现了技术错误。裁判给了她全场最低分，一下子，她失去了优势，最后她只拿了第二名，与冠军的成绩相差0.1分。

这个结果让她和教练遗憾地哭成了一团，当所有观众看到这一幕的时候，都为之动容。她自责、懊悔，认为自己辜负了祖国人民的希望，也辜负了教练的悉心培养，更辜负了自己的汗水和努力，她不知道如何面对一直关心自己的人们。

她坐在返程的飞机上，头脑中浮现的是那场比赛最后几分钟的情景。她害怕记者的追问，更不敢去面对辱骂和嘲笑，在下飞机之前她心中的不安达到了极点。

但她错了，当她走出机场的时候，眼前的景象让她感到意外。许多观众手捧鲜花，在机场外面等待着她的到来，显然他们没有因为她的失误而责怪她。有的人手中还举着标语："失败了也要昂首挺胸！""这些会过去。"

三年之后，她再次代表国家出战，这一次她没有出现失误，得到了久违的冠军奖牌。

面对失败，应该告诉自己"这些会过去"，失败了就继续努力，没有什么会一直保持现状，总有那么一天，会雨过天晴。

人生的路上不可能永远一帆风顺，总有潮起潮落之时，没有昨天的失败，就没有今天的成功。只有敢于承认失败的人，敢于从头再来的人，才能最终战胜自己、战胜命运。

上官云珠是我国著名的电影演员。她原本是一家照相馆的女职员，因为长得漂亮，国华公司聘请她演一部影片的重要角色，还把她的彩照登上画报，准备捧红她。不料她第一天拍戏就"砸了锅"，她站在镜头前浑身发抖，紧张得一句台词也说不出。导演耐心地连试了三次，她都发抖，只得作罢。第一次明星梦破灭，上官云珠并不甘心失败，又托人介绍到艺华公司，争取到一个角色。当正式在灯下拍摄时，她那个临场紧张发抖的毛病又犯了，第二次又失败了。面对两次失败，上官云珠并没有放弃梦想。不过她也没有再蛮干。她认真分析失败的原因，认识到发抖是因为自己缺乏表演基本功，心虚胆怯是病根子。于是她进入业余剧团，在舞台演出中磨炼基本功，积累经验，东山再起。她还先后到上海戏剧学校、新华公司演员培训班学习。1941年，上官云珠参加《玫瑰飘香》的拍摄，一举成功，终于成为大明星。

在通往成功的道路上有无数的艰难险阻，有时要经历失败的打击。失败是迈向成功的阶梯，任何成功都包含着失败，每一次失败都是通向成功不可跨越的阶梯。那种经常被视为“失败”的事，实际上只不过是“暂时性的挫折”而已。这种失败又常常是一种幸福，是生活赐予我们的最伟大的“礼物”，因为它能使人们振作起来，能调整我们努力的方向，使我们向着更美好的方向前进。看起来像是“失败”的事，其实却是一只看不见的慈祥之手，阻挡了我们走上错误的路线，并以伟大的智慧促使我们改变方向，让我们向着对我们有利的方向前进。

杰克是一家证券公司的基金经理。最近一段时间里，他一再地给客户提供错误的建议，给客户造成了不小的损失。虽然客户对此没有过多的抱怨，但杰克却很自责，几次下来，杰克变得十分沮丧，甚至怀疑起自己的理财能力，最后还换了职业。

杰克一直都活在懊恼和自责中。后来他的朋友、同事，还有客户告诉他，其实他的决策并没有不合理，从当时的环境来看，他提出的建议是很合乎实际的，是在慎重考虑后提出来的，并且他的业绩一直都不错，应该引以为傲的。虽然大家都好言相劝，但杰克还是不能原谅自己，他把自己封闭起来，听不进任何劝告。

后来，一位心理专家告诉杰克：我们很容易看清楚过去犯的错误，但却没有办法预知未来的事情。一切重新开始，没有什么大不了的。

在心理专家的开导下，杰克终于原谅了自己，重新回到原行业。恢复自信后的杰克，在事业上越来越成功。

不要一听到失败就惊慌或沮丧。失败也许正是你走向成功的机会。每经历一次失败，你就排除了一个错误，因而也就更接近成功。

有一首诗写道："白云跌倒了，才有了暴风雨后的彩虹；夕阳跌倒了，才有了温馨的夜晚；月亮跌倒了，才有了太阳的光辉。"在坚强的生命面前，失败并不是一种摧残，也并不意味着你浪费了时间和生命，而恰恰是给了你一个重新开始的理由和机会。

失败是宝贵的经验，与其后悔不如珍惜

人生的道路一如世上的路，就算再平坦也会有崎岖的地方。我们常常为此而伤心气馁、自怨自艾，但懊恼和抱怨只会让情况变得更加糟糕，不去想办法解决，就永远无法摆脱困境。

生活中，多数人为什么最终没有成为成功者，就是因为他们在遇到失败之后，不是积极地从失败中总结经验、汲取教训，而是一蹶不振，始终生活在失败的阴影里。他们有时候也会"总结教训"，但他们的总结方式是这样的："我当初要是不那么做就好了""开始我要是那样做就不会失败了"……他们只是着眼于过去，让自己陷入自怨自艾、后悔不迭的情绪里，而成功者则与他们正好相反。

有一个年轻人，在他很小的时候就有这么一个梦想：长大后成为一名出色的赛车手。后来他在军队服役，那时他曾开过卡车，这为他成为赛车手的梦想打下了基础。退役后，他到一家农场里开车，不过他常常挤出时间去参加一支业余赛车队的技能训练。凡是遇到车赛，他都会想尽一切办法去参加。

在一次比赛中，他很有希望获得好的名次。但就在比赛进行到一半多的时候，他前面的两辆赛车发生了相撞事故，结果，他也受到牵连，自己的车被撞到了车道旁的墙壁上，还起了火。当他被救出来时，全身多处被烧伤，送往医院，检查得知他体表烧伤面积达40%，经过七个小时的手术，他才从死神手中挣脱出来。

然而事后最让他伤心的是，医生告诉他说："以后，你再也不能开车了。"因为这次事故让他的手严重萎缩。

但他并没有因此而灰心绝望，他告诉自己，自己的未来是从明天开始，过去的已经成为昨天。为了实现那个久远的梦想，他接受了一系列植皮手术，为了恢复手指的灵活性，他每天都用那双不完整的手不停地练习抓木条，哪怕要忍受钻心的疼痛，他仍然咬牙坚持。最后一次手术做完之后，他回到了农场，换用开推土机的办法使自己的手掌重新磨出老茧，并继续练习赛车。

凭着过人的毅力和良好的心态，在九个月之后，他重返赛场。在随后的一次车赛中，他取得了第二名的成绩。两个月后，他在上次发生事故的那个赛场上，获得了比赛的冠军。他的名字叫吉米·哈里波斯，是美国颇具传奇色彩的伟大赛车手。

在遭受那次沉重的打击之后，是什么力量使吉米重新振作起来的呢？吉米自己的回答是："把失败写在背面，我相信自己一定能成功！"

的确，过去就如同一页纸已经翻过去，只有将那些痛苦的经历忘却，远远抛在身后，才能正视今天，迈开步伐前进。

失败是任何人都不愿意看到的事情，但是，在很多时候，这也是难以避免的事情。出现失败后怎么办？如果你因此灰心丧气，悲观失望，则只能坐以待毙，一事无成；如果你能从失败中汲取教训，总结经验，这条路不行走那条路，这种方法不行用那种方法，你就一定能够走出失败的阴影，达到成功的目标。

20世纪60年代，日本一家公司的社长到美国进行商业考察，发现美国的“超级市场”很兴旺，其集生活日用品于一处，任人选购的销售方式，使他产生“日本开这种超级市场也一定大有发展前途”的新构想。于是，回国后他立即付诸行动，在他经营信用卡的公司六七楼开办了“生活日用品超级市场”，并运用他的全部经营手段经营。然而一年多来，不但没有赚到钱，反而亏了大本，赤字3000万日元。

面对这次失败，该社长没有怨天尤人，而是进行了认真的反思，从而找出了失败的症结。他发现，开拓新领域必须要谨慎。第一，要懂行。他们根本不懂生活日用品行业的经营之道，因此就吃了大亏。第二，“追二兔者不得一兔”。在他们经营生活日用品时，分出了40名年轻力壮的管理人才，使他们原来生意兴旺的信用卡业务受到损失，结果两种经营都没搞好。第三，要选择好经营地点和需求。他的超级市场卖生活日用品，开在六七楼，又没电梯。许多人不愿意为了买一两种蔬菜、鱼肉或日用品而上楼。第四，当发现有问题时，应当立刻“刹车”。该公司在六七楼，经营三个月没有生意，明知是错的决策，社长为面子独断专行，又另开了两个“生活日用品超级市场”，结果花费越来越大，生意也不好，赤字增大。经过这一番深刻的检讨与反思，他们调整了经营部署，果断退出了他们不熟悉的生活日用品经营业，继续拓展信用卡业务，最终成为日本一家知名信用卡公司。

其实失败并没有什么大不了的，因为人人都可能失败。重要的是，要让失败变得有意义，要总结教训，从头再来，你总会有成功的那一天。如果你只是一味地自怨自艾，却不去找失败的原因，那么你失败再多次也成功不了，你只会永远困于失败中。

有一位知名的作家说："失败应成为我们的老师，而不是掘墓人；失败是暂时耽误，而不是一败涂地；失败是暂时走了弯路，而不是走进死胡同。"如果你能这样看待失败，你就能轻装前进，最终战胜失败，获得成功。

感谢那些苦难的日子，让你学会了成长

"百家讲坛"名嘴于丹说过这样一句话："苦难是滚水，但我们可以将它煮成一杯香茶。"这个比喻跟现实很贴切，它道出了苦难对于我们的意义：苦难是放在手中的一杯滚水，它能否成为一杯香茶，关键在于你往里面添加什么。

王永庆小时候家里十分贫穷，由于他在兄妹中排行老大，从小就担负着繁重的家务。6岁起，他每天一大早就起床，赤脚担着水桶，一步步爬上屋后200多级的小山坡，再赶到山下的水潭里去取水，然后从原路再挑回家，一天要往返五六趟，十分辛苦。

小学毕业后，为了维持一家人的生计，王永庆没有继续去上初中，而是来到嘉义一家米店当学徒。干了大概一年的时间，父亲见小永庆有独立创业的潜能，就向亲戚朋友借了200块钱，帮他开了一家米店。

米店虽小，但对于王永庆而言，这是他人生中第一份自己的"产

业”，所以经营起来特别精心。为了建立客户关系，他用心盘算每家用米的消耗量。当他估计某家的米差不多快吃完的时候，就主动将米送到顾客家里。这种周到细致的服务一方面确保了那些老主顾家里从来不会断米，给顾客提供了方便，另一方面为自己赢得了好评。那些腿脚不方便的顾客对此感激不尽，自从在王永庆的米店买过米后，他们就再也没到别家去过。

为增加利润，王永庆减少了从碾米厂进货这一中间环节，添置了碾米设备，自己碾米卖。在王永庆经营米店的同时，他的隔壁有一家日本人经营的碾米厂，一般到了下午5点钟就要停工休息，但王永庆则一直工作到晚上10点半。结果，日本人的业绩总落后于王永庆。

正是由于从小培养起来的吃苦耐劳精神，王永庆后来在经营企业时得心应手，即使遭遇挫折，也能坦然面对。

俗语说：“吃得苦中苦，方为人上人。”每一道苦难的枷锁背后，都有一把打开它的钥匙，关键在于我们愿不愿意坚持走下去，去找到这把打开苦难枷锁的钥匙。如果没有人生的苦难，我们又怎么能体会到现在生活的来之不易呢?

虽然每个人都不希望苦难降临在自己身上，然而苦难却不偏不倚地降临在每个人的身上。人是从苦难中成长起来的，没有苦难的人生是不完美的人生，就像没有风雨的天空就是不完整的天空一样。人生只有经受过苦难，思想才会受到锤炼，灵魂才会得到升华，才能真正认识人生，从而实现人生的最大价值。

说起如何面对苦难的考验，我们不得不提到贝多芬，因为他在战胜苦难方面，创造了不亚于他那些交响曲的辉煌成就。

贝多芬出生于一个贫苦家庭。父母不和，生活贫困，悲惨的童年造成贝多芬性格上的孤僻、倔强和独立不羁，在他心中孕育着强烈而深沉的感情。从12岁起他开始作曲，14岁参加乐团演出，并领取工资补贴家用。可以说，贝多芬几乎成了苦难的象征。到了17岁，母亲重病，把家中最后的钱花光了，最后母亲病逝，留下两个弟弟，一个妹妹，还有一个已经堕落的父亲。不久，贝多芬又得了伤寒和天花。他遭受的不幸，简直不是一个孩子能够承受的。

尽管如此，贝多芬还是硬挺过来了，既为了家庭生活，也为了自己的爱好，他一直在乐团工作着。贝多芬的音乐作品充满了高尚的思想感情：有的像奔腾的激流，给人以信心和力量；有的如美丽的大自然，淳朴明朗，庄重宁静；有的似素月清辉倾泻在橡树荫中，缥缈轻柔，优美深远……

贝多芬的音乐天赋刚刚展露出来，在他正要迈入风华正茂的黄金时代之际，他竟发觉自己的听力在一点点衰退。谁都知道，音乐是离不开耳朵的。这位早就把整个生命都献给音乐的德国青年，怎么能在26岁的年龄失去听力呢?

起初，贝多芬极力掩饰因耳聋导致迟钝的缺陷。他避而不参加社会活动，以免别人发现他耳聋。后来，他两耳完全失聪，实在无法掩饰了，就隐居到维也纳郊外的海利根斯塔特。他曾倾吐过当时的苦衷：

“我不可能对人家说：‘大点声讲，大声喊，因为我是个聋子。’我本来就有一种优越感，认为自己是完美无缺的，比任何人都要完美，简直是出类拔萃。我怎么能够承认这种可怕的病症呢？当别人站在我的身边能听到远处的长笛声，而我却什么也听不见时，那是一种多么大的耻辱啊！诸如此类的经历简直把我推到了绝望的边缘——我甚至曾想到要了结此生。”

残酷的命运，使这位年轻的音乐家痛苦万分，但最终没能使他消沉，他摒弃了自杀的念头，对朋友说：“是艺术，只是艺术挽留了我。

在我尚未把我的使命全部完成之前，我不能离开这个世界。”

贝多芬决定向悲惨的命运挑战。他在给朋友的信中说：“我要扼住命运的咽喉，它休想使我屈服！”

这句话成了贝多芬一生的座右铭，这句话也最能表现出他坚韧不屈的性格。从此，他比以前更加发奋努力。他向朋友们描述了自己耳聋后争分夺秒、紧张创作的生活：“一切休息都没有！——除了睡眠之外，我不知道还有什么休息。”“无日不动笔，有时我让艺术之神瞌睡，也只为要它醒后更兴奋。”

贝多芬与命运进行艰苦搏斗的时期，正是他一生中创作力量最旺盛、成就最辉煌的时期。他的大部分成功之作，都是在耳聋之后创作的，他以惊人的毅力、辛勤的劳动和巨大的成就，掀开了世界音乐史上崭新的一页。

苦难是一种财富，是对人生的一种考验。法国作家巴尔扎克说过：“苦难对于天才是一块垫脚石，对能干的人是一笔财富，对弱者是一个万丈深渊。”的确，苦难的遭遇能磨砺坚强的意志，所以我们应该心存感激，接受它，超越它！人只有经过苦难的炼狱，方能读懂人生，走向成熟，人生的价值在于对自身苦难的深刻思考、透彻理解、不懈抗争。

第五章
远离抱怨，
你就远离了消极心态

越是抱怨，事情就会越糟糕

生活本来就是个大问题。而这个大问题又产生了许许多多的小问题。在问题叠着问题的世界里，普通人经常烦恼。因为，面对小麻烦时，人们认为理所当然，并会麻利地解决掉；当遇到难以解决的问题时，人们就开始抱怨生活的不公平。通常情况下，越是抱怨，事情就会越糟糕。

在日常生活中，很多人都有抱怨的习惯，家人、朋友、同事、老板、工作、社会，所有和他们有关联的人和事都会成为他们抱怨的对象。虽然抱怨不会像愤怒那样集中爆炸，却依然会对我们的生活产生负面的影响，就像长期服用慢性毒药一样，毒药在不知不觉间入骨入髓。对习惯抱怨的人来说，抱怨就像空气一样笼罩着他们，他们挑剔世上的每一样东西，仿佛没有任何事能让他们满意。这种不满的情绪就随着他们不断地抱怨逐渐在心中发酵，让他们总是满腹怨气，一肚子都是不高兴，离轻松愉快的生活越来越远。

杰克原本是一个很有前途的心理医生，刚刚进入这一行业的时候，他像其他人一样充满了雄心壮志，但是在这个岗位上工作了两年时间后，杰克开始变得愤世嫉俗，他甚至比前来咨询的病人的负面情绪还大。他觉得老板给他的薪水过低，觉得老板不重用他，而自己提交的升职报告也一次都没有回复过。

而真实的情况是，老板决定在下半年的集体会议上宣布提升杰克为主治医生一事。然而杰克并没有明白上司对他的期望，做事也不兢兢业业，他总是抱怨说：“再做下去一点意思也没有了。从早到晚都是面对病人的抱怨，脑袋都要爆炸了，恨不得找个地方躲起来。患者究竟要被治疗到何种程度竟然是一群外行人在制定标准，他们对治疗一窍不通，但我们却不得不遵守他们的标准。”

天下没有不透风的墙，杰克的这些牢骚很快便传到了老板的耳朵里。老板对杰克的表现感到非常失望，一直以来老板就对杰克抱有很高的期望——事实上，杰克的情况老板不是没有看到，但是老板认为，杰克过于年轻，需要接受基层业务的扎实训练。但是，当老板听到杰克的抱怨和牢骚之后，老板打消了尽快晋升杰克的想法。当杰克再次得知没有晋升的消息时，杰克彻底地变成了一个典型的工作倦怠者，最终他不得不离开这个职位。

抱怨解决不了问题，相反，埋怨问题的发生或是过度地自怨自艾，还会增加你的压力，让你更难处理那些干扰你的事情。

生活本来就不是事事如意，生活本来就不会十全十美，相反，起起落落，悲欢离合才是家常便饭。这是现实，你必须承认，所以不要抱怨。能够忍受不公平的待遇，并且以平常心对待，这是人生的一个境界，也是我们努力追求的方向。坦然面对生活，用微笑来迎接一切困难。一遇到波折、困难或不顺心的事，就抱怨他人，感叹自己“怀才不遇”，悔恨“明珠暗投”，对生活失去兴趣，对美好的东西失去追求的心理不仅会磨损人的意志，还会让人对生活失去信心。

常常抱怨的人，其实是不热爱生活的人，或者说是不理解生活的人。生活是需要你理解的。你不理解生活，你就会常常有愤愤不平的感觉，你就会有怀才不遇的感觉，你就会有牢骚满腹的感觉，你就会觉得自己运气不佳。

有一天，拿破仑·希尔在某市文化中心举行的企业家会议上发表演讲。当他正在讲台上致辞的时候，有一名中年男子悄悄地走了过来，低声地对他说："尊敬的拿破仑·希尔先生，我有一个非常要紧而且严重的问题，想和您私下里谈一谈……"

看着中年男子一副诚恳的样子，拿破仑·希尔便答应在会议结束之后和他好好地谈一谈。很快，演讲结束了，拿破仑·希尔和中年男子在一家咖啡馆里坐了下来，问他："您想和我谈什么问题呢？"中年男子说："我准备在这个城市开创自己这一生中最大的事业，如果成功的话，将会对我产生无比重大的意义；但若不幸失败了，我将会失去所有的一切。"

听了这话，拿破仑·希尔微微地松了一口气——这位中年男子只是不够自信罢了，于是就安抚他，希望他能放松心情，当然也委婉地告诉他："你要知道，并非每件事情都能达到预期的理想结果。成功固然美好，但即使失败了，明天的风仍在继续地吹着，希望也依然存在着。"

但是，中年男子跟着又说出一句让拿破仑·希尔大吃一惊的话："但是，有件令我相当苦恼的事情，我发现这个城市似乎不怎么欢迎我：寻租店面的时候，房主盛气凌人；去市政咨询的时候，工作人员爱答不理；即便是坐地铁的时候，他们也眯缝着眼睛看我，像是在看什么怪物一样……"

这下子，拿破仑·希尔终于明白了：眼前的这位中年男子，原来是一个"抱怨狂"。想了一下，他对中年男子做出了这样的回答："有一个方法可以解决你的问题：第一是埋头做自己的事情。无论你看到什么、听到什么，都不要把它们放在心上，而是一如既往地专心做各项准备工作。当然，你可能一时半刻难以做到这一点，不过没有关系，还有一个方法可以临时应急，以解决你迫在眉睫的问题。我要给你开一帖处方，若能好好地运用，想必能有效解决你的困难，并让你有一个近乎‘脱胎换骨’的转变。”拿破仑·希尔继续郑重地向中年男子说道：“就在今天晚上，当你走在这个城市的街上的时候，不妨在心里默念我将要告诉你的这句话；而且，等你回到旅馆躺在床上的时候，也要对自己重复说上几次。待到明天睡醒了，也要记得在起床的时候再把这句话说上几次。务必记住，只有用虔诚的心来做这件事情，你才能获得足够的能力来面对这些问题。”

顿时，中年男子喜形于色，问：“您说，是什么话？”拿破仑·希尔缓缓地说着：“热爱生活，而不是抱怨生活。”

很显然，在此之前，中年男子从未听过这句话，他带着激动的神情与口吻对拿破仑·希尔说：“好的，希尔先生，我知道了。”看着中年男子渐渐地远去，拿破仑·希尔会心地笑了起来。是的，尽管中年男子的身影看起来还有些悲伤的意味，但是那昂首挺胸的姿态，已经在无言地暗示着，像厚厚积雪一般的抱怨，正在慢慢地消融。

果然，三个月后，这位中年男子给拿破仑·希尔寄来了一封信：“希尔先生，您的这帖处方确实为我缔造了奇迹，简直令人难以置信，想不到这样一句话竟能产生这么大的效果，谢谢您。”

抱怨是世界上最没有价值的语言，只是一味地去抱怨自身的处境，对于改善处境没有丝毫益处，只有先静下心来分析自己存在的问题，并下定决心去改变它，付诸行动，它才能向你所希望的方向发展。一分耕耘、一分收获，不要企望在抱怨中取得进步，事情的进展是你的行为直接作用的结果。事在人为，只要你去努力争取，梦想终能成真。

抱怨生活只是弱者失败的借口。生活本来就是不公平的，永远不要抱怨生活，因为生活根本不知道你是谁！只有我们用平凡的心去面对我们的不如意，心中的乌云才会慢慢散开。

调整心态，停止无谓抱怨

有这样一个故事：

有个寺院的住持，给寺院立下了一个规矩——每到年底，寺里的和尚都要面对住持说两个字。第一年年底，住持问一位新和尚最想说什么，新和尚说“床硬”；第二年年底，住持问新和尚最想说什么，新和尚说“食劣”；第三年年底，还没等住持开口，就听新和尚蹦出这样两个字：“告辞。”望着新和尚远去的背影，住持自言自语地说道：“阿弥陀佛，心中有魔，难成正果，可惜，可惜。”

住持所说的“魔”，就是新和尚心里没完没了的抱怨。这个新和尚只考虑自己要什么，却从来没有想过别人给过他什么。像新和尚这样的人在现实生活中很多，他们这也看不惯，那也不如意，怨气冲天，牢骚满腹，总觉得别人欠他们的，社会欠他们的，从来感觉不到别人和社会对他们的生活所做的一切。他们总会说生活过得很累，因为他们只看到了自己的付出，而没有看到自己的所得，于是抱怨变成了最方便的出气方式。但抱怨很多时候不但解决不了问题，还会使问题恶化。如果抱怨上了瘾，不但人见人厌，自己也整天不耐烦。这样只会影响到自己的工作和生活。

常言说："过多抱怨不利发展。"在一个人追逐成功的道路上，抱怨就像一个障碍物挡在路中，让你无法顺利前进，抱怨会让你在挫折中逐渐消磨意志，沉溺在烦恼之中，成为一名弱者，纵观古今中外，你会发现每一位成功人士都不会对环境大发牢骚、抱怨不停、烦躁不安，尽管他们遇到的是比普通人更艰难的困境，可是正因为他们积极地克服了这些难题才取得了最后的成功。所以说人在生活中一定要放下抱怨，因为它对自身的生理和心理百害而无一益，是心里最沉重的负担。

有一个叫马歇尔·戈德的小伙子，就读于加利福尼亚大学洛杉矶分校。临近毕业的时候，他准备撰写一篇内容涉及洛杉矶市政的论文，于是就找到了在本校任教同时又是洛杉矶城市规划委员会主任的弗瑞德·凯斯教授。

起初的时候，马歇尔·戈德做得很好，深得弗瑞德·凯斯教授的认可与赞许。然而，有一天，向来生性乐观、豁达开朗的弗瑞德·凯斯教授突然变得恼怒起来，并措辞严厉地斥责道："马歇尔·戈德，你到底是怎么回事？最近，市政厅的一些人经常向我反映说，你在他们那里似乎态度很消极，而且很容易发怒，喜欢批评别人，你说这究竟是怎么回事？"

听了这话，马歇尔·戈德赶紧低下了头，说："尊敬的教授，你根本想不到，市政府的效率原来是那么的低下，而且发展目标也存在着严重问题。"说到最后，他竟然有些愤愤不平起来："我认为，那里存在的问题实在是太多了！"

"是吗？哦，你的这个发现真是太了不起啦！"弗瑞德·凯斯教授揶揄道，“想不到，就你，马歇尔·戈德先生，居然发现了我们的市政府原来是一个效率低下的政府，实在是不简单啊！只是，我还是要非常遗憾地告诉你，马歇尔·戈德先生，其实早在你之前好几年的时候，就已经有一个理发师告诉过我这一点了，他和你有着完全一样的发现，甚至他发现的问题比你的还多。怎么样，还有别的什么让你抱怨的事情吗？”

马歇尔·戈德顿时愣住了：“教授，您说什么……”

不过，马歇尔·戈德很快就回过神来——很显然，弗瑞德·凯斯教授的讥讽并没有吓倒他，刚才的发愣不过是没反应过来而已。马歇尔·戈德狠狠地拍了一下桌子，继而愤慨地指出，市政府的许多举措都明显地偏袒着富人。

弗瑞德·凯斯教授立刻笑了起来：“不错，第二个重大发现！老实说，你的评判能力确实非常高，而且眼光也非常锐利。但我还是不得不遗憾地再次告诉你，马歇尔·戈德先生，还是早在你之前好几年的时候，那个理发师也同样发现过这一点。”

马歇尔·戈德冷“哼”了一声，不说话了。见状，弗瑞德·凯斯教授似乎有些幸灾乐祸地说道：“我的孩子，实话告诉你吧，以你目前的状况，我很难给你颁发博士文凭。”

继而，他紧紧地注视着马歇尔·戈德，脸上呈现出了唯有经历丰富的人才会具备的那般睿智的神情：“我知道，你现在一定是在想，我老了，已经跟不上这个时代了。但请你允许我以一个过来人的身份说一下我的看法。我认为，你目前的言行，对将来有可能成为你的客户的人绝不会有丝毫的帮助，对我、对你自己也没有什么帮助。现在，我可以给你两种选择：要么，继续你的消极、愤慨与评判。如果你打算选择这一项的话，那么我会立刻解除你在市政厅的职位，而且，你永远也别想在我这里拿到博士学位。要么，做一个能不断地提出富有建设性以及可行性意愿和方法的咨询家，而不是评判家，让事情因为有你而变得越来越好。现在，我的孩子，你选择哪一个呢？”丝毫没有犹豫，马歇尔·戈德回答道：“教授，我明白我错在哪里了。”

听了这话，弗瑞德·凯斯教授欣慰地笑了，说：“很好，你是一个聪明的孩子。”就这样，从弗瑞德·凯斯教授那里，马歇尔·戈德学到了他人生中最为重要的一课：真正的人才，绝对不是那种只懂得评判是非、指出对错的人，因为几乎每个人都能做到这一点儿。真正的人才，是能够让事情变得更好的人！只有当你可以把事情变得更好的时候，你才是真正的胜者！

在随之而来的职业生涯中，马歇尔·戈德的绝大多数时间都在与各大公司的领导者共事中度过。从这些领导者身上，马歇尔·戈德进一步领会到了弗瑞德·凯斯教授的忠告。这些成功的领导者，无一例外地都在致力于使公司更具竞争力上，而没有一个人是置身事外的批评家、评论员——也就是抱怨者。

想要进步，必须停止抱怨，不抱怨并不是不说话，也不是逆来顺受，更不是一味忍受不公。不抱怨的关键在于要勇敢地面对现实，处于逆境时要寻找解决问题的方法，找出成功之路，做自己的守护神。

当你不再抱怨的时候，虽然现实还是那些现实，但是你的生活却开始进入了一个崭新的状态。而且，更重要的是，不抱怨的心态，对于一个人的生活有着积极的推动作用——对于不抱怨的人来说，生活中根本就不存在什么让人伤心欲绝的痛苦，因为他们即便是处在难过和灾难之中也总能及时地找到心灵的慰藉。

正如在黑暗的天空中，总能或多或少地看见一丝光亮一样，具有不抱怨心态的人，眼里总是闪烁着愉快的光芒，而且也总是显得达观、朝气蓬勃，虽说他也会有心烦意乱的时候，但不同于别人的就是他能够愉快地接受这些烦恼，既没有忧伤也没有哀怨，然后从容地拾起生命道路上的花朵继续奋勇前行。可以说，具有不抱怨心态的人，无论什么时候都能够感受到光明和幸福。他们眼里流露出来的光芒，会使整个世界都流光溢彩，从而把寒冷变成温暖、把痛苦变成舒适。

英国作家萨克雷有这样一句名言："生活是一面镜子，你对它笑，它就对你笑；你对它哭，它也对你哭。"如果我们不再抱怨了，那么我们就能够时刻看到生活中光明的一面——即使是在伸手不见五指的夜晚，星星也在闪烁。

自知者不怨人，知命者不怨天

生活中总有很多不如意的地方，但抱怨是解决不了问题的。抱怨是一种有害的情绪，又是人们最容易产生的情绪。抱怨为什么有害，是因为抱怨会让人产生消极的情绪，让人戴上有色眼镜看世界，抱怨会磨灭人的斗志，磨损人的动力。倾向于抱怨的人，总是会否认人存在的主观能动性，不能通过自我改造来适应世界。他们容易认为环境因素是不可以改变的。倾向于抱怨的人总是会否认外界存在的有利因素，因为抱怨自动把有利的方面都屏蔽了，抱怨会让人陷入自怨自艾中，最终伤人伤己。

荀子说："自知者不怨人，知命者不怨天，怨人者穷，怨天者无志，失之己，反之人，岂不迂乎哉！”这就是说，我们要学会自我调整，对自己，对环境，都要有一个清醒的认识，尽量冷静下来，把问题想通、想透，这样才不会怨天尤人，才会把命运的主动权牢牢攥在自己手中。

张明正出身于一个贫寒的家庭，读书时成绩也不尽如人意，经常遭到老师的批评。高中毕业之后，张明正甚至连普通大学都没考上。拿到高考成绩之后，平时就爱抱怨的张明正变本加厉，不停地抱怨自己的家庭条件不好、抱怨父母没有为他创造良好的学习环境，但是从没看到自己的不足。

由于父亲确实没有能力为孩子创造良好的物质条件，因此张明正平时抱怨的时候他总是耐心地教育张明正要凭借自己的实力去取得成功，而不要像他一样一辈子碌碌无为。但这次，父亲面对张明正的抱怨时却愤怒了：“张明正，我人生失败是我自己没有能力！但是你的失败该由你自己承担！你与其这样无休止地抱怨，不如静下心来埋头做事！”一向温和敦厚的父亲突然发了脾气，不仅震惊了张明正，也震醒了张明正。从此，张明正停止了抱怨，补习了一年之后成功考取了台湾辅仁大学应用数学系。

从此之后，张明正再也不抱怨自己出身贫寒，再也不抱怨世道不公，而是勇敢地面对困境和挫折，用“开口抱怨不如闭嘴做事”来引导自己的人生。正因为如此，张明正接受了自己出身贫寒的事实，已经输在了起跑线上的事实，事已至此，那么要想提前到达终点，唯一的办法就是拼尽全身力气在人生的跑道上奔跑，而不是抱怨起跑太迟。

在大学期间，张明正就不断丰富自己，毕业之后经过努力创办了自己的公司。通过自己切身体会，“开口抱怨不如闭嘴做事”也成了公司的文化。在这一理念的推动下，他的公司很快就成长壮大起来。就这样张明正带领着他的员工秉承着“开口抱怨不如闭嘴做事”的精神，在商海中一路打拼，终于在高科技行业崭露头角并成为领军人物。

后来，张明正以5000美元在洛杉矶创业，经过商海沉浮，到现在拥有了世界上最大的单一软件公司——趋势科技公司。趋势公司市值高达70亿美元，曾经被权威杂志评选为全球前100名最热门的上市公司之一，而张明正也曾经连续两次被美国《商业周刊》推选为“亚洲之星”。

抱怨生活，只能让自己意志消沉，沮丧，心灰意懒，甘为庸碌，最终迷失自我。停止抱怨，努力工作和生活，世界将会更美好。只有不抱怨生活的人，才是生活的主人。只有不畏惧生活中的不平和磨难，在生活中历练自己，促使自己成长和成熟，羽翅丰满，才能在广阔的天空翱翔，放飞梦想，实现人生价值。

人的一生，难免会遇上一段困苦不堪的厄运，下岗、失业、疾病、婚变以及各样的天灾人祸。但是任何时候都不能忘记努力。面对厄运，有的人泰然处之，千方百计寻找解决之道，发扬自力更生艰苦奋斗的精神，发挥特长，弥补不足，最终摆脱困境，走向成功。有的人在厄运面前，一筹莫展，愁眉苦脸，甚至萎靡不振，埋怨不已。要知道，厄运无法避免，但是生活可以更加丰富多彩。

爱德华·埃文斯出生在一个贫苦的家庭，起初只能靠卖报来维持生计，后来在一家杂货店当营业员，家里好几口人都靠他的微薄收入来度日。后来他又谋得一个图书馆管理员助理的职位，但薪水依然很少，可他必须干下去，毕竟做生意实在是太冒险了。8年之后，他借了50美元开始了他自己的事业，结果一帆风顺地发展成了颇具规模的事业，那时他年收入20000美元以上。

然而，可怕的厄运在突然间降临了。他替朋友做担保，而朋友却破产了。祸不单行，那家存着他全部积蓄的大银行也破产了。他不但血本无归，而且还欠了10000多元的债，在如此沉重的双重打击下，埃文斯终于倒下了。他吃不下东西，睡不好觉，而且生起了莫名其妙的怪病，整天就处于一种极度的担忧之中，大脑一片空白。有一天，埃文斯走在路上的时候，突然昏倒在路边，以后就再也站不起来了。家里人让他躺在床上，接着他全身开始腐烂，伤口一直不愈合，甚至连躺在床上也觉得难受。医生只是淡淡地告诉他：生命只剩两个星期的时间。

得到这样的“判决”，埃文斯索性把全部都放弃了，他静静地写好遗嘱，躺在床上等死。人也彻底放松下来，闭目休息。

命运在这个时候又向埃文斯开起了玩笑。一切似乎都好起来了，他睡得像个小孩子一样踏实，一切痛苦也似乎正在悄悄结束，自己也不再进行无谓的忧虑了，胃口也开始好起来了，最终，他撕掉了那份遗嘱。

几星期后，埃文斯已能拄着拐杖走路了，六个星期后，他又能回去工作了。只不过是以前一年赚20000元，现在是一年赚10000元，但他已经感到万分高兴了。

他的新工作是推销一种挡板，他早已忘却了忧虑，不再为过去的事而悔恨，也不再害怕将来。他把他所有的时间、所有的精力、所有的热诚都用来推销挡板。日子又红火起来了，一切进展顺利。不过几年而已，他已创立了自己的公司。

在人生的道路上，我们会遇到种种困难，这仿佛都是上帝安排好的，我们无须抱怨，因为上帝在关上一扇门的时候，往往会为我们打开一扇窗。所以，我们只有经过不断的努力，才能找到新的出路。如果缺少这些经历，我们就无法取得成功。

学会感恩，感谢折磨你的人和事

“感恩”是一种处世哲学，是生活中的大智慧。学会感恩，是为了擦亮蒙尘的心灵而不致麻木，学会感恩，是为了将无以为报的点滴付出永铭于心。一个心中不知道感恩的人，是永远不会满足的人，也是一个不懂得珍惜现在所拥有的人。他们整天只会怨天尤人，搞得自己痛苦不堪。

据传印度一个偏僻的小镇，有一个特别灵验的水泉，如果诚心祈祷，就会出现神迹。喝了泉水之后，可以医治各种疾病。有一天，一个因在战争时期失去了一条腿的退伍军人来到了这里。旁边的人们带着同情的口吻说：“可怜的家伙，难道他要向上帝请求再长一条腿吗？”这一句话被退伍军人听到了，他转过身对他们说：“我不是要向上帝请求有一条新的腿，而是要请求他帮助我，教我没有一条腿后，也知道如何过日子。”

人生活在这个世界上，总会经历这样那样的烦心事，这些事总是会折磨人的心，使人不得安稳。尤其对于年轻人来说，他们刚在社会中立足，还未完全成长起来，却要承受这个社会的种种压力，比如待业、失恋、职场压力等的折磨。

其实，世间的事就是这样，如果你改变不了世界，那就改变一下你自己。换一种眼光去看世界，你会发现所有的“折磨”其实都是促进你成长的“清新氧气”。

当艾米丽迎着11月的寒风推开街边一家花店的大门的时候，她的情绪低落到了极点。一直来，她都过着一种一帆风顺的惬意的生活。但是今年，就在她怀孕4个月的时候，一场小小的交通意外无情地夺走了她肚子里的生命，也夺走了她全部的幸福。这个感恩节本来就是她的预产期，而且偏偏就在上个月，她的丈夫又失去了工作。这连串的打击，令她几乎要崩溃了。

“感恩节”为什么感恩呢？为了那个不小心撞了我的粗心司机？还是为个救了我一命却没有帮我保住孩子的安全气囊？艾米丽困惑地想着，不知不觉就来到一团鲜花面前。“我想订花……”艾米丽犹豫着说。“是感恩节用的吗？”店员问，接着继续说道，“我相信，花都是有故事的，在这感恩节里，你一定需要那种能传递感激之意的花吧？”

“不，”艾米丽脱口而出，“在过去的五个月里，我没有一件顺心的事。”话一说完，她不禁为自己的心直口快感到后悔。“我知道什么最适合你了。”店员接过话来说。艾米丽大感惊讶。这时，花店的门铃响了起来。“嘿，芭芭拉，我这就去把你订的东西给你拿来。”店员一边对进来的女士打招呼，一边让艾米丽在此稍候，然后就走进了后面一个小工作间里。没过多久，当她再一次出来时候，怀里抱了一大堆的绿叶、蝴蝶结和一把又长又多刺的玫瑰花枝——那些玫瑰花枝被剪得整整齐齐，只是上面连一朵花也没有。

“嗯，”艾米丽忍不住开口了，说话有点结结巴巴的，“那女士带着她的……嗯……她走了，却没有拿花！”“是的，”店员说道，

“我把花都剪掉了。那就是我们的特别奉献，我把它叫作感恩节荆棘花束。”“哦，得了吧，你不是要告诉我居然有人愿意花钱买这玩意吧？”艾米丽不理解地大声说道。

“3年前，当芭芭拉走进我们花店的时候，感觉就跟你现在一样，认为生活中没有什么值得感恩的。”店员解释道，“当时，她父亲刚刚死于癌症，家族事业也摇摇欲坠，儿子在吸毒，她自己也正面临着一个大手术。我的丈夫也正好是在那年去世的。”店员继续说道，“我一生当中头一回一个人过感恩节。我没有孩子，没有丈夫，没有家人，也没有钱去旅游。”

“那你怎么办呢？”艾米丽问道。“我学会了为生命中的荆棘感恩。”店员沉静地回答，“我过去一直为生活当中美好的事物感恩，却从没有问过为什么自己会得到那么多的好东西。但是，当厄运降临的时候，我问了。我花了很长时间才明白，原来黑暗的日子也是非常重要的。我一直都在享受着生活的‘花朵’，但是荆棘使我明白了上帝的安慰是多么的美好。你知道吗？《圣经》上说，当我们受苦的时候，上帝安慰了我们。借着上帝的安慰，我们也学会了安慰别人。”

艾米丽屏住呼吸思索着眼前这位店员的话，犹豫地说：“我想说句心里话，我不想要什么安慰，因为我失去了我的孩子，我的丈夫失去了工作，我对上帝感到生气。”正在这时，又有人走了进来，是一个头顶光秃的矮个子胖男人。

“我太太让我来取我们的‘感恩节特别奉献’……12根带刺的长枝！”那个叫菲利的男人一边接过店员从冰箱里取出来的，用纸巾包扎好的花枝，一边笑着说。“这是给你太太的？”艾米丽难以置信地问道，“如果你不介意的话，我想知道你太太为什么想要这个东西？”“我不介意……我很高兴你这样问。”菲利回答说，“4年前，我和我太太差一点就离婚了。在结婚40多年后，我们的婚姻陷入了僵局。但是，靠着上帝的恩典和指引，我们总算把问题解决了。我们又和好如初。这儿的店员告诉我们，我们要牢记在'荆棘时刻'里学到的哲理，因此我们就捎了些枝条回家。我和我太太决定把我们的问题都写在标签上，然后把它们一一贴在这些花枝上。一根枝子代表一个问题，然后我们就为我们从这些问题中所学到的哲理而感恩。我诚挚向你推荐这一'特别奉献'！"菲利一边付账，一边对艾米丽说。"我从未想过我能够为我生命中的荆棘感恩。"艾米丽对店员说道，"这有点不可思议。""嗯，"店员小心翼翼地说，"我的经验告诉我，荆棘能够把玫瑰衬托得更加宝贵。人在遇到麻烦的时候会更加珍惜上帝的慈爱和帮助，我和菲利夫妇都是这么过来的。因此，不要恼恨荆棘。"

眼泪从艾米丽的面颊上滑落，她抛开她的怨恨，哽咽道："我要买下12枝带刺的花枝，该付多钱？""不要钱，你只要答应我把你内心的伤口治好就行了。这里所有顾客第一年的'特别奉献'都是由我送的。"店员微笑着递给艾米丽一张卡片，说道，"我会把这张卡片附在你的礼品上，不过或许你可以先看看。"

艾米丽打开卡片，上面写着：我的上帝啊！我曾无数次地为我生命中的玫瑰而感谢过您，但我却从来没有为我生命中的荆棘而感谢过您，是您通过我的眼泪，帮助我看到了那更加明亮的彩虹……"眼泪再一次从艾米丽的脸颊上滑落。

生活的真谛，并不在于你失去了什么，而在于你拥有些什么。学着感恩，做个知足的人，你会感到生活是这样美好！

学会感恩，你就不会因为所谓的不公而怨天尤人，斤斤计较；学会感恩，你就不会一味地索取，一味地膨胀自己的欲念。人生苦短，生命有限，我们应该多采撷生活的美果放于幸福的篮中，使生活甜蜜、幸福。

怀抱希望，乐观面对生活

这个世界就像个多棱镜一般，这一面是不幸，另一面可能就是幸运，如果能以一颗乐观的心态去对待，不幸就可以转化为幸运。世间事都在自己的一念之间。我们可以想出天堂，也可以想出地狱。生活里，只要我们学会坦然面对不愉快的事，抱着一种乐观的态度，那么一切的好运都会涌向你。

汤姆在22岁那年，进入军中服役，并且奉命参加了一次战役。但不幸的是，在那次战役中，他受了严重的眼伤，眼睛因此看不见东西。虽然他承受着巨大的伤害和痛楚，但他仍然十分乐观。他常常与其他病人开玩笑，并把自己的香烟和糖果赠给病友。

医生们都尽心尽力想帮助汤姆恢复视力，但仍然没有效果。有一天，主治医师亲自走进汤姆的病房，对他说道："汤姆，你知道，我一向喜欢向病人实话实说，从不欺骗他们。我现在要告诉你，你的视力不能恢复了。"

此刻时间似乎停止了，病房里呈现出可怕的静默。

"我知道。"汤姆终于打破沉寂，他平静地回答道，"其实，我一直都知道会有这个结果。但我还是要非常谢谢你们为我费了这么多的精力。"

几分钟之后，汤姆对他的病友说道：“我觉得我没有任何理由可以绝望。不错，我的眼睛瞎了。但和失聪者相比，我能听见声音；和下肢瘫痪者相比，我能行走；和哑巴相比，我能说话。据我所知政府还可以协助我学得一技之长，以让我维持生计。既然生活如此善待我，我更要好好地活着。其实，我现在所需要的，就是适应一种新生活罢了。”

汤姆面对不幸，没有怨恨，没有自卑，只有对生活的感激——感激在命运给予他不公平的同时，生活恰如其分地填补了这份缺陷，赐予他一颗乐观豁达的心。

其实，“好”和“坏”是可以相互转化的，面对不开心和不顺利，从另一个角度看待，真心地感激生活所赐给你的一切，不要让抱怨占据着你的内心，就会有意想不到的收获。

生活中，每个人都会遇到挫折，有时有些挫折一时难以克服。面对挫折有的人便会不战而败，捶胸顿足，怨天尤人。这样的人永远也无法走出困境。真正的成大事者，会满怀希望，即便是面临重重困境，也能找到生活中闪烁着的希望之光。

她从小就“与众不同”，因为小儿麻痹症，随着年龄的增长，她的忧郁和自卑感越来越重，甚至，她拒绝与所有人交往。但也有个例外，邻居家那位只有一只胳膊的老人却成为她的好伙伴。老人是在一场战争中失去一只胳膊的，老人非常乐观，她非常喜欢听老人讲故事。

这天，她被老人用轮椅推着去附近的一所幼儿园，操场上孩子们动听的歌声吸引了他们。当一首歌唱完，老人说：“我们为他们鼓掌吧！”她吃惊地看着老人，问道：“我的胳膊动不了，你只有一只胳膊，怎么鼓掌啊！”老人对她笑了笑，解开衬衣扣子，露出胸膛，用手掌拍起了胸膛……那是一个初春，风中还有着几分寒意，但她却突然感觉自己的身体里涌动起一股暖流。老人对她笑了笑，说：“只要努力，一只巴掌一样可以拍响。你一样能站起来的！”

那天晚上，她让父亲写了一个字条，贴到了墙上，上面写着这样一行字：一只巴掌也能拍响。从那之后，她开始配合医生做运动。甚至在父母不在时，她自己扔开支架，试着走路。蜕变的痛苦是牵扯到筋骨的。她怀有无限的希望，她坚持着，因为她相信自己能够像其他孩子一样行走，奔跑……

11岁时，她终于扔掉支架。她又向另一个更高的目标努力着，她开始锻炼打篮球和田径运动。1960年罗马奥运会女子100米跑决赛，当她以11秒18第一个撞线后，掌声雷动，人们都站起来为她喝彩，齐声欢呼着她的名字：威尔玛·鲁道夫。那一届奥运会上，威尔玛·鲁道夫成为当时世界上跑得最快的女人，她共摘取了3枚金牌，也是第一个黑人奥运女子百米冠军。

威尔玛·鲁道夫的成功，正是她即使在困难中也绝不放弃希望的结果。拥有“希望”的人生是有力的。希望，增强了人对挫折的心理承受能力。经历过挫折打击且能心平气和地忍下来的人都有一种切身体验：人之所以能够忍耐，是因为自己对未来充满了希望。如果一个人绝望了，对未来不抱任何希望，他就不会忍耐，而会破罐子破摔，自暴自弃，不去做任何努力，对一点点挫折都会失去承受能力。从这个意义上说，希望是奔向前途的航标和指路明灯。人若没有了希望就会迷失方向，生活就会失去意义。

有一个朋友乘船到英国，途中遇到暴风雨。船上的很多人都惊慌失措。然而一个老太太非常平静地在祷告，神情十分安详。等到风浪过去，朋友好奇地问这位老太太：“你为什么一点儿都不害怕？”老太太回答说：“我有两个女儿，大女儿已经被上帝接走了，回到天堂；二女儿还住在英国。刚才风浪大作的时候，我就向上帝祷告：如果接我回天堂，我就去看大女儿，如果留住我的性命，我就去看二女儿。不管去哪里都一样，我都可以同最心爱的女儿在一起，我怎么会害怕呢？”

在面对灾难时，老太太竟然能以这样平和的心态看待问题，她一定是一个充满智慧的老者，她的精神世界一定十分安宁。

任何事情都有两面，抱着积极的心态去看，你收获的可能就是开心，抱着消极的态度去看，你看到的或许永远只是悲伤的一面。心里装满了阳光，就不会惧怕寒冷的冬天。

用感恩的眼睛看世界，世界就是美好的，如果今天早上你起床时身体健康，没有疾病，那么你就比世界上几百万人幸运，因为他们永远无法见到今天的太阳了；如果你从未体会过战争的痛苦，牢狱的孤独，酷刑的折磨和饥饿的滋味，那么你的处境就比其他5亿人好；如果你的冰箱里有食物可吃，身上有衣服可穿，有房可住，有床可睡，那么你就比世上75%的人更富有；如果你在银行里有存款，钱包里有零钱，那么你就是世上少数的幸运之人了。

我们还有什么好抱怨的呢，我们会羡慕那些富人的生活，可是你有没有想过，你平凡的生活会更幸福。有一个幸福的家庭，有体贴的丈夫或温柔的妻子，可爱的孩子，吃得饱，穿得暖，生活得简单、平淡，又何尝不是一种幸福呢？保持好心情，笑口常开，那么幸福将会常伴你的左右。

无法改变环境，但可以改变心态

生活中，有些人总喜欢说，他们现在的境况是别人造成的，环境决定了他们的人生位置。这些人常说他们的情况无法改变。环境虽能左右一些意识上的感观，却不是造成实际境况的主因。说到底，如何看待人生，是由我们自己的态度决定的。

那时辛迪还在念医科大学，一次她到山上散步，带回一些蚜虫。她拿起杀虫剂为蚜虫去除化学污染，没想到身体突然一阵痉挛，刚开始辛迪并没有在意，以为那只是暂时性的症状，不曾想这将是自己噩梦的开始。

后来检查发现，辛迪的免疫系统遭到这种杀虫剂所含的某种化学物质的破坏，从那之后她对香水、洗发水以及日常生活中接触的一切化学物质一律过敏，连空气也可能使她的支气管发炎。这种病被称为“多重化学物质过敏症”，是一种奇怪的慢性病。

患病后，辛迪一直流口水，尿液变成绿色，连汗水都有毒，背部因为汗水的侵蚀形成了一块块疤痕。她甚至不能睡在经过防火处理的床垫上，否则就会引发心悸和四肢抽搐——辛迪所承受的痛苦是令人难以想象的。

为了缓解辛迪的痛苦，她的丈夫吉姆用钢和玻璃为她在一座山丘上盖了一所无毒房间，一个足以逃避所有威胁的“世外桃源”。辛迪需要依靠人工灌注的氧气生存，并只能通过传真与外界联络。辛迪只能吃那些不含任何化学添加剂的食品，所有东西都必须经过处理，平时只能喝蒸馏水。

不能出去，辛迪无法享受正常人所享受的一切。她饱尝孤独之苦，更可怕的是，无论怎样难受，她都不能哭泣，因为她的眼泪跟汗液一样也是有毒的物质。

但辛迪是坚强的，她并没有在痛苦中自暴自弃，她一直在为自己，同时更为所有化学污染物的牺牲者争取权益。为了给那些致力于此类病症研究的人士提供一个窗口，辛迪生病后的第二年就创立了“环境接触研究网”。后来辛迪又与另一组织合作，创建了“化学物质伤害资讯网”，保证人们免受化学污染物伤害。

其实，辛迪也曾悲伤、痛不欲生过，但随着时间的推移，她渐渐改变了生活的态度，她说：“在这寂静的世界里，我感到很充实。因为我不能流泪，所以我选择了微笑。”

在特定的环境中，人们还有一种最后的自由，那就是选择自己的态度。成功取决于态度，幸福与快乐也取决于个人的态度。一个人只要改变内在的心态，就可以改变外在的生活环境和生存状态，这是我们这代人最伟大的发现。态度决定着人生的成败：我们怎样对待生活，生活就怎样对待我们。

有这样一则故事：

一个穷人与妻子、儿子、儿媳妇、女儿、女婿，共同生活在一间房子里，拥挤的居住环境让他快要崩溃了。无奈之下，他便去山上的庙里找老和尚求救。他说：“我们全家六口人住在一间房子里，整天争吵不休，我的精神快崩溃了，我的家简直是地狱，再这样下去，我就要死了。”老和尚说：“你按我说的去做，情况会变得好一些。”穷人听了这话，非常高兴。老和尚得知穷人家还有一只羊、一条狗和一群鸡，便说：“我有让你解除困境的办法了，你回家去，把这些家畜带到屋里，与人一起生活。”穷人一听大为震惊，但他事先已经答应要按老和尚说的去做，只好按老和尚说的办。

过了一天，穷人满脸痛苦地找到老和尚说：“大师，你给我出的什么主意？事情比以前更糟，现在我家成了十足的地狱，家里鸡飞狗跳，那只山羊撕碎了我房间里的一切东西，它让我的生活如同噩梦。人怎么可以与牲畜同处一室呢？”“完全正确，”老和尚温和地说，“赶快回家，把那些牲畜赶出屋去！”

第二天，穷人找到老和尚，他满脸红光，兴奋难抑，他拉住老和尚的手说：“谢谢你，大师，你又把甜蜜的生活给了我。现在所有的动物都出去了，屋子显得那么安静，那么宽敞，那么干净，你不知道，我是多么开心啊！”

由此可见，快乐与否，取决于人的态度。我们不要总计较环境的好与坏，要注重内心的力量与宽容。不管世间的变化如何，只要我们的内心不为外界所动，则一切荣辱、是非、得失都不能左右我们，心里的世界是无限宽广的。虽然我们无法改变人生，但我们可以改变人生观；虽然我们无法改变环境，但是我们可以改变心境。

有位外地来的客人进入餐厅后，想知道一下明天的天气情况，以便安排自己的下一步工作。他就问服务生：“明天天气怎么样？”

出乎他意料的是，那位服务生肯定地说：“会是我喜欢的天气。”

客人非常不解地问："你怎么知道会是你喜欢的天气？"

服务生回答这位客人："环境不是我所能改变的，但心情是可以改变的。所以，与其关心明天到底是风还是雨，倒不如调整我的心情。只要天气是我喜欢的，那么我就会以愉悦的心情开始一天的工作。"

的确，对于无法改变的事，我们不妨坦然面对；对于结局不定的事，我们不妨往好处想。不要总把乌云布在脸上，不要总把牢骚挂在嘴边，只有让自己保持乐观，保持积极，我们才能多一分愉快，少一分烦恼。

人生如牌局，即使是烂牌也可以打好

印度总理尼赫鲁曾经说过这样一句话："生活就像是玩扑克，发到的牌是定了的，但你的打法却取决于自己的意念。"人生如牌局。有时候，一副好牌，静下心打，也不一定会赢，一副烂牌，你只要有斗志，不见得会输。

艾森豪威尔是美国第34任总统，他年轻时经常和家人一起玩纸牌游戏。

一天晚饭后，他像往常一样和家人打牌。这一次，他的运气特别不好，每次抓到的都是很差的牌。开始时他只是有些抱怨，后来，他实在忍无可忍，便发起了少爷脾气。

一旁的母亲看不下去了，正色道："既然要打牌，你就必须用手中的牌打下去，不管牌是好是坏。好运气是不可能都让你碰上的！”

艾森豪威尔听不进去，依然愤愤不平。母亲于是又说：“人生就和这打牌一样，发牌的是上帝。不管你手中的牌是好是坏，你都必须拿着，你都必须面对。你能做的，就是让浮躁的心平静下来，然后认真对待，把自己的牌打好，力争达到最好的效果。这样打牌，这样对待人生才有意义！”

艾森豪威尔一直牢记母亲的话，并激励自己去积极进取，这让他受益匪浅。从此以后，无论从军还是走入政界，他都会常常用“打好手中的牌”来激励自己，鞭策自己，鼓励自己勇敢面对眼前的失败和挫折，坚定自己的理想和信念。就这样，他一步一个脚印地向前迈进，最终登上了美国总统之位。

打牌能赢的秘诀，不在于你抓到一手好牌，而在于能打好一手烂牌。人生亦是如此。发牌的是上天，不管怎样的牌你都必须拿着，你能做的就是尽你全力，求得最好的结果。如果我们把自己所处的环境，自己不能左右的局面，看成是上天发给我们的一副牌，那么“打好手中的牌”就是我们能够做出的最明智的选择了。

一个人在人生的道路上不仅不会一帆风顺，反而会坎坷不断。当面临人生的苦难时，不要抱怨命运的不公，也没必要自暴自弃，因为你就是上帝派来的使者，是他让你经受磨炼，不断成熟，直至抵达成功的终点。

有句话说得好：“如果你想抱怨，生活中一切都会成为你抱怨的对象；如果你不抱怨，生活中的一切都不会让你抱怨。”要知道，一味地抱怨不但于事无补，有时还会把事情变得更糟。所以，不管现实怎样，我们都不应该抱怨，而应靠自己的努力来改变现状并获得幸福。

迈克尔先生是一位成功的企业家，他从一个小学徒做起，经过多年的奋斗，终于拥有了自己的公司和办公楼，并且受到了人们的尊敬。

有一天，迈克尔先生从他的办公楼走出来，刚走到街上，就听见身后传来“嗒嗒嗒”的声音，那是盲人用竹竿敲打地面发出的声响。迈克尔先生愣了一下，缓缓地转过身。

那盲人感觉到前面有人，连忙打起精神，上前说道：“尊敬的先生，您一定发现了我是一个可怜的盲人，那么能不能占用您一点点时间呢？”

迈克尔先生说：“我要去会见一个重要的客户，你要什么就快说吧。”

盲人在一个包里摸索了半天，掏出一个打火机，放到迈克尔先生的手里，说：“先生，这个打火机只卖一美元，这可是最好的打火机啊。”

迈克尔先生听了，叹口气，把手伸进西服口袋，掏出一张钞票递给盲人：“我不抽烟，但我愿意帮助你。这个打火机，也许我可以送给开电梯的小伙子。”

盲人用手摸了一下那张钞票，竟然是100美元！他用颤抖的手反复抚摸这钱，嘴里连连感激着：“您是我遇见过的最慷慨的先生！仁慈的富人啊，我为您祈祷！上帝保佑您！”

迈克尔先生笑了笑，正准备走，盲人拉住他，又喋喋不休地说：“您不知道，我并不是一生下来就看不见，都是23年前布尔顿的那次事故！太可怕了！”

迈克尔先生精神一振，问道：“你是在那次化工厂爆炸中失明的吗？”

盲人仿佛遇见了知音，兴奋得连连点头：“是啊，是啊，您也知道？这也难怪，那次光炸死的人就有93个，伤的人有好几百，那可是头条新闻啊！”

盲人想用自己的遭遇打动对方，争取多得到一些钱，他可怜巴巴地说了下去：“我真可怜啊！到处流浪，孤苦伶仃，吃了上顿没下顿，死了都没人知道！”他越说越激动：“您不知道当时的情况，火一下子冒了出来！仿佛是从地狱中冒出来的！逃命的人都挤在一起，我好不容易冲到门口，可一个大个子在我身后大喊：‘让我先出去！我还年轻，我不想死！’他把我推倒了，踩着我的身体跑了出去！我失去了知觉，等我醒来，就什么都看不见了，命运真不公平啊！”

迈克尔先生冷冷地说：“事实恐怕不是这样吧？你说反了。”

盲人一惊，用空洞的眼睛呆呆地对着迈克尔先生。

迈克尔先生一字一顿地说：“我当时也在布尔顿化工厂当工人，是你从我的身上踏过去的！你长得比我高大，你说的那句话，我永远都忘不了！”

盲人站了好长时间，突然一把抓住迈克尔先生，爆发出一阵大笑：“这就是命运啊！不公平的命运！你在里面，现在出人头地了，我跑了出去，却成了一个没有用的盲人！”

迈克尔先生用力推开盲人的手，举起手中一根精致的棕榈手杖，平静地说：“你知道吗？我也是一个盲人。你相信命运，可是我不信。”

这就是迈克尔先生，一个不屈服于命运的强者。盲人尚且知道自强不息，但却从来不努力奋斗。人与人相比，真是天壤之别啊！

怨天尤人只会使心情更糟，甚至增加厄运的威力，使你的生活更加灰暗。只有勇敢、坚强地接受既成的事实带来的不幸和困境，并且平静而理智地对待它、利用它，我们才可以战胜种种厄运，成为生活中的强者。

拒绝抱怨，远离各种借口

美国西点军校里有这样一种广为流传的悠久传统，就是遇到军官问话，只有四种回答："报告长官，是！""报告长官，不是！""报告长官，不知道！""报告长官，没有任何借口！"除此之外，不能多说一个字。"没有任何借口"是西点军校奉行的最重要的行为准则，它强化的是每一位学员想尽办法去完成任何一项任务，而不是为没有完成任务去寻何借口，哪怕是看似合理的借口。

"没有任何借口"其目的就是为了让学员停止抱怨，努力提升自己。面对失败，如果将下一步的工作做好了，失败就可以成为成功之母，这样一来，失败的借口就不用找了。

某名牌大学毕业的张然，学的是新闻专业，形象也很不错，被北京一家很知名的报社录用了。但是，他有一个很不好的毛病，就是做事情不认真，遇到任何困难总是找借口。刚开始上班时，同事们对他的印象还很不错，但是没过多久，他的毛病就暴露出来了，上班经常迟到，和同事一同出去采访时也经常丢三落四。对此，办公室领导找他谈了好几次，但张然总是以这样或那样的借口来搪塞。

有一天，大家都特别忙，突然有位热心读者打电话过来说在一个地方有特大新闻发生，请报社派记者前去采访，但是报社别的记者都出去了，只有张然在，没办法，办公室领导只好派他独自前往采访。没多久，他就回来了，领导问他采访的情况怎么样，他却说："路上太堵了，等我赶到时事情都快结束了，并且已经有别的新闻单位在采访了，我看也没什么重要新闻价值，所以就回来了。"

领导生气地说："北京的交通是很堵，但是你不知道想别的办法吗？那为什么别的记者能赶到呢？"

张然急得红着脸争辩道："路上交通真的是很堵嘛，再说我对那里又不是特别熟悉，身上还背着这么多的采访器材……"

领导更气了，于是说道："既然这样，那你另谋高就好了，我不想看到公司员工不但不能给公司带来效益，反而还有满嘴的借口和理由，我们需要的是能够接到任务后，不管任务有多么艰巨，都能够想方设法完成，并且能提供结果的人。"就这样，张然失去了令许多人羡慕不已的好工作。

生活中，像张然这样遇到问题不是想办法解决，而是四处找借口来推脱责任的人并不少见，但是他们这样做不仅损害了公司的利益，也阻碍了自己的发展。

无论做什么事情，千万不要找任何理由为自己的过错开脱。一旦给自己的错误找了借口，就是给自己的失败找到了理由，这让自己的失败"合理化"。更不要让借口成为习惯，否则，这种找借口的坏习惯，终将让你一事无成。

美国成功学家格兰特纳说过这样一段话："如果你有自己系鞋带的能力，你就有上天摘星的机会！让我们改变对借口的态度，把寻找借口的时间和精力用到努力工作中来吧！因为工作中没有借口，人生中没有借口，失败没有借口，成功也不属于那些寻找借口的人！”

任何借口都是推卸责任，在责任和借口之间，选择责任还是选择借口，体现了一个人的做事态度。任何问题都有解决的方法，方法总比问题多，关键是我们对待问题的态度。当遇到问题时，平庸者不是主动去找方法解决，而是找借口回避问题，而优秀者则是把问题当作机遇，积极地寻找解决问题的方法，将问题变为成功的机会。

休斯·查姆斯在担任销售经理期间曾面临着一种最为尴尬的情况：公司的财政出了问题。这件事被负责推销的销售人员知道了，他们因此失去了工作的热忱，销售量开始下跌。到后来，情况更为严重，销售部门不得不召集全体销售员开一次大会，全美各地的销售员皆被召去参加这次会议。查姆斯先生主持了这次会议。

首先，查姆斯请销售部业绩最佳的几位销售员站起来，要他们说明销售量为何会下跌。这些被点到名字的销售员一一站起来以后，大家有一个共同的理由：市场不景气，缺少资金，人们都希望等到总统大选结果揭晓后再买东西等。

每个销售员似乎都有“合理”的借口，当第五个销售员开始为他无法完成销售配额找借口时，查姆斯先生突然跳到一张桌子上，高举双手，要求大家肃静。然后，他说道：“停止，我命令大会暂停10分钟，让我把我的皮鞋擦亮。”然后，他命令坐在附近的一名黑人小工友把他的擦鞋工具箱拿来，并要求这名工友把他的皮鞋擦亮，而他就站在桌子上不动。在场的销售员都惊呆了。他们有些人以为查姆斯先生发疯了，人们开始窃窃私语。就在这时，那位黑人小工友先擦亮了第一只鞋子，然后又擦另一只鞋子，他不慌不忙地擦着，表现出了一流的擦鞋技巧。

皮鞋擦亮之后，查姆斯先生给了小工友一元钱，然后说：“我希望你们每个人，好好看看这位小工友。他拥有在我们整个工厂及办公室内擦鞋的特权。他的前任是位白人小男孩，年纪比他小得多。尽管公司每周补贴他5元的薪水，而且工厂里有数千名员工，但他仍然无法从公司赚取足以维持他生活的费用。

“可是现在这位黑人小男孩不仅可以赚到相当不错的收入，既不需要公司补贴薪水，每周还可以存下一点钱来，而他和他的前任的工作环境完全相同，也在同一家工厂内，工作的对象也完全相同。

“现在我问你们一个问题，那个白人小男孩没有得到更多的生意，是谁的错？是他的错，还是顾客的错？”

那些推销员不约而同地大声说：“当然了，是那个小男孩的错。”

“正是如此。”查姆斯回答说，“现在我要告诉你们，你们现在推销产品和一年前的情况完全相同：同样的地区、同样的对象以及同样的商业条件。但是，你们的销售成绩却比不上一年前。这是谁的错？是你们的错，还是顾客的错？”

同样又传来如雷般的回答：“当然，是我们的错。”

“我很高兴，你们能坦率承认自己的错。”查姆斯继续说，“我现在要告诉你们。你们的错误在于，你们听到了有关本公司财务发生问题的谣言，这影响了你们的工作热忱，因此，你们不像以前那般努力了。只要你们回到自己的销售地区，并保证在以后30天内，每人卖出5件商品，那么，本公司会照例发放奖金。你们愿意这样做吗？”

销售人员都说“愿意”，后来果然办到了。那些他们曾强调的市场不景气，缺少资金，人们都希望等到总统大选结果揭晓以后再买东西等借口，仿佛根本不存在似的，统统消失了。

寻找借口的时候，你离成功就不远了。

无数事实证明，成功属于那些善于找方法的人，而不是善于找借口的人。与其浪费时间为自己的失败找各种借口，不如花时间为自己找一个解决问题的好方法。因此，我们要远离抱怨，做一个为成功找方法的人，而不是为失败找借口的人。

当你无法改变事实时，就要学会改变自己

在英国威斯敏斯特教堂的地下室，一位主教的墓碑上写着这样的一段话：

当我年轻的时候，我的想象力没有受到任何限制，我梦想改变整个世界。

当我渐渐成熟明智的时候，我发现这个世界是不可能改变的，于是我将目光放得短浅了一些，那就只改变我的国家吧！但是这也似乎很难。

当我到了迟暮之年，抱着最后一丝希望，我决定只改变我的家庭、我亲近的人——但是，唉！他们根本不接受改变。

现在在我临终之际，我才突然意识到：如果起初我只改变自己，接着我就可以改变我的家人。然后，在他们的激发和鼓励下，我也许就能改变我的国家。再接下来，谁知道呢，或许我连整个世界都可以改变。

当我们没有能力去改变环境的时候，尤其是环境对我们不利的时候，就改变自己，这是一种智慧、一种策略。

任何人都不可能离开环境而生存，在无法改变环境时，我们可以改变自己，努力去适应环境。人不可能一直生活在自己意愿的环境中，当生存的环境变得越来越艰难时，我们要懂得改变自己去适应它。如果环境不利于我们，我们还要强行让外界适应我们的话，就可能会付出巨大的代价。所以说，与其试图让环境适应自己，不如改变自己去适应环境。

一位大师经过几十年的修炼，终于练就一身“移山大法”。有一天，他宣布：明天早上我要当众表演“移山大法”，把广场对面的那座大山移过来。

消息像长了翅膀一样四处传开。果然，第二天一早，黑压压的人群开始聚集在广场上，大家都在等待观看大师的表演。时辰一到，只见穿戴整齐的大师口中念念有词，然后面对大山高喊：“山过来，山过来！”半晌，他问人群：“山是不是过来了？”人群中开始窃窃私语，有的说好像过来一点点，有的说好像没有。大师继续高喊，整整一个上午过去了，此时陆陆续续有人离开，也许他们觉得没有什么意思，甚至觉得此人可能是个骗子。

大师没有理会那些离去的人，继续高喊“山过来”，转眼间一个中午过去了，一个下午也过去了，已近黄昏。整天的高喊，大师的嗓子已完全沙哑。最后当他用嘶哑的声音问周围为数不多的人：“山有没有过来？”此时大家异口同声地告诉他：“大师，山真的没有过来。”听罢，大师开始做最后的努力。只听他边高喊“山过来！”边移动脚步，朝那座大山走过去。

最后，大师又问："山有没有过来？"人群中鸦雀无声。于是大师用他嘶哑的声音说："诸位，你们都看见了，我用了一整天的时间，用尽了我的全身力气叫'山过来'，山都不过来，怎么办？那我就只好过去了，山不过来，我就过去！"

山不过来，我就过去。道理何其简单啊！很多人一味地抱怨、发牢骚，却不想办法去行动，去努力改变，结果，事情永远不会因为你的抱怨而变得更好。

面对不如意的环境，改变自己是发展自己的必要条件。达尔文曾经说过："不要期待环境为你而变，要争取尽快地改变自己来适应环境。"只要我们还活着，必然面对生存压力；只要我们想更好地生存，必须学会改变自己。外部的生存环境是残酷的，我们只有认清环境，改变自己，才能获得更好的发展。

周启明大学毕业时，被分配到了一个偏远的小山区当教师，不仅条件差，工资更是少得可怜。其实，周启明在校成绩不错，擅长写作，还曾担任过学校文学社的社长。现在被分到这样一个破地方，他整天愤愤不平，对工作没有热情，对一向爱好的写作也没了兴趣。整天琢磨着跳槽，幻想能有机会调到一个好的工作环境，拿到一份优厚的报酬。两年过去了，他的工作没有任何起色，写作也荒废了，他也变得更加郁郁寡欢了。

这天，学校开运动会，连附近的村民都来观看，小小的操场被围得水泄不通。他来晚了，站在后面，踮起脚也看不到里面热闹的情景。这时，身旁一个很矮的小男孩儿吸引了他的目光，只见小男孩儿一趟趟地从远处搬来砖头，在那高高的人墙后面，耐心地垒着一个台子，一层又一层，足足垒了半米多高，他才登上台子，还冲周启明粲然一笑，掩饰不住的是成功的喜悦和自豪。

刹那间，周启明的心被震了一下，操场上的环境已经不能改变了，自己只是站在外面唉声叹气，抱怨自己来晚了。而小男孩儿却懂得垒一个台子，改变自己的高度，去欣赏比赛。自己一直在抱怨分配的地方是多么差劲，但是不曾想到改变自己，他为自己以前的做法感到惭愧。

从此以后，周启明满怀激情地投入工作中去，踏踏实实，一步一个脚印。很快，他便成了远近闻名的教学能手，编辑的各类教材接连出版，各种令人羡慕的荣誉纷纷而至。两年后，周启明被调至自己颇喜欢的一所中专任职。

比尔·盖茨说："生活是不公平的，你要去适应它。"只有不断调整自身去适应环境，你才能获得巨大发展。与其强求外在环境的改变，不如像周启明一样，先从自己开始改变。与其强求环境适应你，不如让自己主动去适应环境，创造机会。所以说，人不能要求环境适应自己，只能让自己适应环境，先适应环境，才能改变环境。当你从这样的角度出发，面对现实，千方百计改变自己，你就会发现，在改变自己适应环境的同时，环境也会逐渐遂了人愿。

第六章

与其用消极心态去对待，不如用宽广胸怀去包容

气上心头，用宽容来解决问题

当遭受别人侵犯的时候，很多人会带着怒气选择怨恨或还击。为什么非要这样火冒三丈地折磨自己呢？何不宽容平和地解决问题。宽容是一种心理成熟的表现，是一种充满智慧的行为。“以恕己之心恕人则全交，以责人之心责己则寡过”，这告诉我们对己要严，对人要宽。宽恕别人其实就是善待自己。

大地宽容了种子，于是收获了生机；大海宽容了江河，于是收获了浩瀚；天空宽容了云雾，于是收获了绚丽；人生宽容了过错，于是我们便可以收获未来。

有时候，宽容只是极其微小的一个举动，或者是一种可以让仇恨在心底淡化的忍让。但是，正是这种很简单而且很随意的一次善意之举，可以让你得到意想不到的回报。

张超白手起家，最终成立了一家服装设计公司。正因为他作为领导者有一颗宽容、包容别人的心，才使自己走向了成功。

几年前，公司建立不久，张超拿着设计图纸去找其他公司的设计老师请教问题，其中有一位年岁很高的老人看见图纸后讥讽嘲笑了一番，“这种毫无任何见地的设计是无法让顾客喜欢的，根本就是脱离生活、脱离自然的作品。”老人很苛刻地说着。

张超听后非但没有生气，反而大感欣喜。他虚心向老人请教了很多设计方面的技术和理念，受益匪浅。老人虽性格怪僻，却把本质问题说得头头是道。张超回到了公司，将设计的图纸通过老人说的理念和自己的理解进行更改，果然，样式受到了很多人的欢迎。张超很佩服老人的观察能力和创新理念，决定高薪聘用他。可是事与愿违，老人不仅没有领情，而且还变本加厉地挖苦张超。但是张超仍然没有放弃说服老设计师的想法，他派人打听老人的身份与经历，原来他是一个优秀的服装设计师，由于在工作上多次与上司争吵，所以一直都被公司冷落着，是个默默无闻的设计员。

张超知道真相后，便几次登门拜访，盛情邀请老设计师加入自己的公司。这天，张超来到了老人家里。

“老师，您对设计的见地是晚生非常佩服和值得学习的，我真的很希望您能来到我的公司，把您毕生的心血教给我们这些后辈！”张超一脸诚恳地说道。

“年轻人，你还是走吧，我是不会去的，你们根本就不懂什么是设计！设计是有生命的，而你们却用商业化的手段把它扼杀了！请你不要来了！”

每一次拜访的结果都是一样的，被拒之门外，甚至是劈头盖脸的谩骂。张超却不以为意，经常去看望他。最终，张超的热情和真情打动了这位倔强的老人。

“你这个年轻人啊，好吧，我答应了，但是我有一个要求。”老人淡淡地说。

“您尽管说，我一定会尽一切努力满足您的！”张超一脸兴奋地说道。

“对于我不满意的作品我会不停地更改，因为我追求的是鲜活的设计，而不是没有生气的一张纸。”老人坚定而倔强，看向远方。

“这个我想我和您的想法是一样的，也许您会觉得我有些不自量力，我一直觉得遇见您就像遇到了难得一见的知音！”张超真诚地看着老人，老人眼睛里突然闪烁着什么。

“谢谢你！谢谢你让我在暮年可以遇上知音。还有对不起，向你道歉是因为我不该用如此恶劣的态度对待你，你的宽容和你的度量，我真的很佩服！”老人激动地握住了张超的手说。

在这样的一个社会里，我们要学会与别人和平相处，这就需要我们彼此宽容，当你宽容对方的时候，你会发现对方有很多你以前没有发现过的优点。

宽以为怀，是一种气度，一种风范，它有助于你事业的成功，一个人只有摒弃了内心的小小私念，才能把事业做大做好。

法国作家雨果曾经这样感叹：“世界上最宽广的是海洋，比海洋更宽广的是天空，而比天空更宽广的，是人的胸怀。”而在中国，则有“宰相肚里能撑船”的说法。这都说明了一个道理：一个人要想成功，就要学会宽以待人。

古时有一位官员，家里珍藏着一对稀世玉杯。这对玉杯晶莹剔透，无瑕无疵，没有一丝杂色。官员将它们视为传家之宝，异常珍爱，轻易不肯示人，只在重要聚会时才拿出来，专设一桌，铺上锦缎，将玉杯放在上面展示。

有一次，官员宴请一些下级同僚。喝到酒酣耳热之际，大家的举止不免变得粗犷起来。一位同僚失手将玉杯碰落在地，这对“宝贝”顿时化作满地碎片。在座的人都惊呆了，那个冒失鬼更是吓得跪在地上，请求治罪。

这位官员神色不动，毫无惋惜之意，好像刚才摔碎的不过是一只原本想要扔掉的破饭碗。他笑着对宾客们说："大凡宝物，是成是毁，都有定数，该有时它就来了，该失去时，谁也保不住。你偶然失手，又不是故意的，有什么罪呢？"

事后，朝中上下无不称道这位官员气度不凡，有宰相之量。后来，他果然成为宰相。他就是与范仲淹齐名的北宋名相韩琦。

包容是一种修养，一种境界。正如斯宾诺莎所说："心不是靠武力征服的，而是靠爱和宽容大度征服的。"同是面对他人的过错，耿耿于怀、睚眦必报定会带来心灵的负累。真正的仁者会选择一份包容，一份坦然。包容的神奇之处就在于化干戈为玉帛，化敌人为朋友。

人非圣贤，孰能无过。与人相处就要相互谅解，经常以"难得糊涂"自勉，求大同存小异，有度量，能容人，你就会有许多朋友，且诸事遂愿，相反，斤斤计较，认死理，过分挑剔，容不得人，人家就会躲你躲得远远的。最后，你只能关起门来"称孤道寡"，成为使人避之唯恐不及的异己之徒。

宽容是一种幸福，我们饶恕别人，不但给别人机会，也取得了别人的信任和尊敬，我们也能够与他人和睦相处。人与人之间多一分宽容，生活中就会多一分理解，多一分真善，多一分幸福，多一分珍重与美好。

放弃报复，原谅他人的伤害

原谅那些曾经伤害你的人，给自己的生命留下一点空隙，用宽恕化解人与人之间的怨恨和矛盾，能让自己收获一份恬淡。

原谅他人的伤害，不是胆怯，更不是窝囊懦弱的表现，而是懂得包容的人生智慧。法国作曲家福莱曾经说过："一个不肯原谅别人的人，就是不给自己留余地，因为每一个人都有犯过错而需要别人原谅的时候。"可见，懂得原谅才能够让自己的生活变得更加快乐，一味地生活在怨恨当中，只会让自己变得越来越痛苦。

曼德拉因为领导反对白人种族隔离的政策的革命而入狱，白人统治者把他关在荒凉的大西洋小岛罗本岛上27年。当时曼德拉年事已高，但白人统治者依然像对待年轻犯人一样对他进行残酷的虐待。

罗本岛上布满岩石，到处是海豹和蛇。曼德拉被关在总集中营一个"锌皮房"里，白天打石头，将采石场的大石块碎成石料。他有时还要下到冰冷的海水里捞海带，有时干采石灰的活儿——每天早晨排队到采石场，然后被解开镣铐，在一个很大的石灰石场里，用尖镐和铁锹挖石灰石。因为曼德拉是要犯，看管他的看守就有3人。他们对他并不友好，总是寻找各种理由虐待他。

谁也没有想到，1991年曼德拉出狱当选总统以后，他在就职典礼上的一个举动震惊了整个世界。

总统就职仪式开始后，曼德拉起身致辞，欢迎来宾。他依次介绍了来自世界各国的政要，然后他说，能接待这么多尊贵的客人，他深感荣幸，但他最高兴的是，当初在罗本岛监狱看守他的三名狱警也能到场。随即他邀请他们起身，并把他们介绍给大家。

曼德拉的博大胸襟和宽容心怀，令那些残酷虐待了他27年的白人汗颜，也让所有到场的人肃然起敬。看着年迈的曼德拉缓缓站起，恭敬地向三个曾关押他的看守致敬，在场的所有来宾以至整个世界，都静了下来。

后来，曼德拉向朋友们解释说，自己年轻时性子很急，脾气暴躁，正是狱中生活使他学会了控制情绪，因此才活了下来。牢狱岁月给了他时间与激励，也使他学会了如何处理自己遭遇的痛苦。

获释当天，他的心情平静："当我走出囚室、迈出通向自由的监狱大门时，我很清楚，自己若不能把悲痛与怨恨留在身后，那么我其实仍在狱中。"

宽容，意味着你已经不再用别人的错误来惩罚自己了，也意味着你已经由一个平凡的人升华到了一个不平凡的人。宽容地对待你的对手、仇人，你会感受到退一步海阔天空的喜悦，也能体会到人与人之间化干戈为玉帛、达到心灵沟通的幸福，更会收获对方因自己的宽容而回心转意的欣慰。学会宽容别人，就是学会宽容自己；给别人一个改过的机会，就是给自己一个更广阔的空间。

宽容，也是一个不断超越自我的过程，我们愈能宽容，就愈能净化自己，使自己靠近光明，获得自在。希望我们每一个人都能这样想：我愿意宽容，在过去、现在和未来，所有诋毁、妒忌、蔑视、欺辱、欺骗，甚至伤害、戕害、杀害我的人！

我们的心灵本是一方净土，怨恨使它成为地狱，而宽容可以把地狱变成天堂。如果我们选择了宽容，那就是选择了天堂。

王阿姨今年五十岁了，她整天闷闷不乐，有时候还会一个人在家里偷偷流眼泪。原来她的儿子在17岁的时候，被社会上的几个不良少年给打死了。从那时候开始，王阿姨一看到大街上的小混混，就恨不得上去打一架，甚至还在心里想："如果不是你们这样的人，我的儿子还会生活在我身边。真想把你们一个个都杀死！"

王阿姨的一个好朋友看到她这样，很为她担心。于是就陪她一起去看了心理医生。在医生的帮助下，王阿姨参加了一个社会公益活动，需要每个星期抽出一天时间去少年犯罪中心，帮助那些犯过错误的孩子们。刚开始的时候，王阿姨心里十分抵触这件事。她一看到那些孩子，就会想到自己的儿子，心里非常痛苦，并对眼前的孩子们充满了怨恨。

后来，王阿姨的朋友对她说："你的儿子已经离开了，你这样每天闷闷不乐也无济于事。倒不如放开胸怀，原谅那些曾经伤害过你的人，这样你才能活得更加开心。"听了朋友的话，王阿姨开始试着去接受这项公益活动，有时候还会对那些孩子展露微笑。经过一段时间，那些孩子们都叫她"妈妈"，王阿姨的心情也好多了，她觉得生活又有了新的意义。

原谅别人的同时，其实也是在原谅自己。如果总是不能用宽容的心胸去对待别人，自己就会生活在黑暗里，看不到外面的阳光。那样，其实最痛苦的还是自己。王阿姨之所以能够变得比以前快乐，就是因为她能够放下过去的怨恨，重新开始迎接新的生活。

释迦牟尼说："以恨对恨，恨永远存在；以爱对恨，恨自然消失。"宽容，对人对己都可成为一种高尚的精神援助。宽容待人，不仅有益身心健康，而且对赢得友谊，保持家庭和睦、婚姻美满，乃至事业的成功都有很大帮助。

放下"仇恨袋"，干戈化玉帛

《圣经》里写着这样一句话："拥抱你的仇人。"要做到这一点的确有些不容易，因为有人的地方，就会有矛盾。如何化解矛盾，不仅是一门学问，更是一个人度量和心胸的体现。当别人伤害了自己的时候，如果能够"得饶人处且饶人"，用一种宽容的心胸去原谅他们，就会让自己少树敌、多交友，获得更好的人缘。

古希腊神话里，有一则"仇恨袋"的故事。

有一位威风凛凛的大力士名叫海格利斯，他所向披靡、无人能敌，唯一的遗憾是找不到对手。有一天，他行走在一条狭窄的山路上，发现脚边有个袋子似的东西很碍眼。他对着那东西踢了一脚，但那个袋子非但没被踩破，反而气鼓鼓地膨胀起来。海格利斯恼怒了，挥起拳头又朝它狠狠地一击，但它仍迅速地膨胀着，海格利斯更加暴怒，捡了一根碗口粗的木棒朝它砸个不停，但袋子却越胀越大，最后将整个山路都堵得严严实实。气急败坏却又无可奈何之下，海格利斯累得躺在地上，气喘吁吁。

这时，山中走出一位智者，对海格利斯说：“朋友，快忘了它，离它远去吧。它叫‘仇恨袋’，如果你不理会它，或者干脆绕开它，它就不会跟你过不去。如果你非要和它较劲，它就会不断膨胀，挡住你的道路，和你对抗到底。”

故事很小很浅，却很有意义。细思索，生活中，其实也会遇见这样的“仇恨袋”。对待周边的人和事，也难免会有误会，如果因此而耿耿于怀，甚至因误会而生“仇恨”，心中那个“仇恨袋”也会越来越膨胀，最后挡住自己前进的去路。

人生总有不如意的事，如何宽容它，把它同化，纳入自己的生命体系并与之共存，使自己的日子可以平静、幸福地过下去，是我们最需要学的一件事。

适度的宽容对于改善人际关系和身心健康都是有益的。这种宽容，指的是对于朋友或他人在生活、工作、学习中的过失、过错所采取的、适当的处理方式，进而有效地防止事态扩大而加剧矛盾，避免产生严重后果。大量事实证明，过于苛求别人或苛求自己的人，必定会处于紧张的心理状态之中。有的过激者甚至因失去理智而酿成祸端，造成严重后果。而一旦宽恕别人之后，心理上便会经过一次巨大的转变和净化过程，使人际关系出现新的转机，诸多忧愁、烦闷可得以避免或消除。

有一位德高望重的老禅师叫法正，每年都有成千上万的人去请他解答疑问，或者拜他为师。这天，寺里来了几十个人，全都是心中充满了仇恨而因此活得痛苦的人。他们跑来请法正禅师替他们想一个办法，消除心中的仇恨。

他们每一个人都跑去向法正禅师诉说自己的痛苦，说自己心中有多么得仇恨。法正禅师说："我屋里有一堆铁饼，你们把自己所仇恨的人的名字一一写在纸条上，然后一个名字贴在一个铁饼上，最后再将那些铁饼全都背起来！"大家听了禅师这么说，不明所以，但还是都按照法正禅师说的去做了。

于是那些仇恨少的人就背上了几块铁饼，而那些仇恨多的人则背起了十几块，甚至几十块铁饼。这样一来，那些背着几十块铁饼的人就非常难受。没多久，有人就叫起来了："禅师，能让我放下铁饼来歇一歇吗？"法正禅师说："你们感到很难受，是吧？你们背的岂止是铁饼，那是你们的仇恨，你们现在都能放下了？"大家不由得抱怨起来，甚至还有人私下小声说："我们是来请他帮我们消除痛苦的，可他却让我们如此受罪，还说是什么有德的禅师呢，我看也不过如此！"

还有人高声说道："我看你是在想法子整我们！"

法正禅师虽然人老了，但是却耳聪目明，他听到了，一点儿也不生气，反而微笑着对大家说："我让你们背铁饼，你们就对我仇恨起来了，可见你们的仇恨之心不小呀！你们越是恨我，我就越是要你们背！"

过了一会儿，看大家真的是很累了。于是，法正禅师笑着说："现在，你们感到很轻松，对吧！你们的仇恨就好像那些铁饼一样，你们一直背负着它，因此就感到自己很难受、很痛苦。如果你们像放下铁饼一样放下自己的仇恨，你们也就会如释重负，不再痛苦了！"大家听了不由得相视一笑，各自吐了一口气。法正禅师接着说道："你们背铁饼背了一会儿就感到痛苦，又怎能背负仇恨一辈子呢？现在，你们心中还有仇恨吗？"大家笑着说："没有了，你这办法真好，让我们不敢也不愿再在心里存半点儿仇恨了！"

法正禅师笑着说："仇恨是重负，一个人不肯放弃自己心中的仇恨，不能原谅别人，其实就是自己在仇恨自己，自己跟自己过不去，自己给自己罪受。"听到这里，大家恍然大悟。

宽容的伟大来自于内心，宽容无法强迫，真正的宽容总是真诚的、自然的。用你的体谅、关怀、宽容对待曾经伤害过你的人，使他感受到你的真诚和温暖。宽容所至，能化干戈为玉帛，仇恨的乌云也会被一片祥和之光所驱散。

放下仇恨，原谅别人，就是善待自己，就是释放自己的心灵，让它走出困境。当你能够真正放下仇恨，不会在仇恨的泥沼中挣扎难安时，你才会发现另一番广阔天地。

量小非君子，成大事者必有大气度

中国有句古话，叫作"量小非君子"。抛开成败得失不谈，一个人的气量是大是小，能够从根本上体现一个人的品质优劣。古今中外，凡是能成大事的人都具有一种优秀的品质，就是能容人所不能容，忍人所不能忍，善于求大同存小异，团结大多数人。

《三国演义》中诸葛亮对孟获"七擒七纵"的故事向来脍炙人口。当时在蜀国的南部，少数民族的大酋长孟获发动叛乱，诸葛亮领兵平息叛乱。有人建议，派一员大将南下足以消灭孟获，丞相就不必深入“不毛之地”了。但是诸葛亮考虑到孟获在少数民族中的威望，还是决定亲自南下，他要对孟获恩威并施，非让对方心悦诚服地投降。

在诸葛亮的指挥下，蜀军很快活捉了孟获，士兵押孟获进营后，诸葛亮亲自给他松绑，还叫人摆酒席款待他。第二天，诸葛亮陪他参观了蜀军营地，问道：“你觉得军营怎么样？”孟获轻蔑地说：“不过如此。以前我不知道你的虚实，才战败了。现在我看到了你们的部署，如果你放我回去，再战必定不同。”诸葛亮笑着，把孟获放走了。几天后，孟获果然带兵重来，结果又战败被俘。孟获仍不服输，于是诸葛亮又放了他。

孟获和诸葛亮接连打了七次，七次皆被活捉。前六次，孟获始终不服，诸葛亮虽恼他不知好歹，但都以礼相待，不伤他分毫地放他回去。最后一次，孟获又被押解到蜀军营帐。士兵传下诸葛亮的话：丞相不愿意再见孟获，下令放孟获回去，让他整顿好人马，再来决一胜负。孟获想了很久，说：“七擒七纵是古往今来从没有过的事，丞相已经给了我很大的面子，我虽然没有多少学识，但也懂得做人的道理，怎么能这么不给丞相面子！”说罢跪倒在地，流着泪说：“丞相天威，我们再不反叛了！”诸葛亮很高兴，赶紧把孟获搀扶起来，请他入营帐，设宴招待，最后客客气气地把孟获送出营门，让他回去。孟获也果然遵守诺言，此后对蜀汉死心塌地，直到诸葛亮死，南方再没出过乱子。

诸葛亮七擒孟获的故事把人的宽容、智谋和耐心都演绎到了极致，也只有这种宽容和智慧，才能彻底地收服人心，这不仅为将来出兵中原扫清了后顾之忧，也为南方少数民族赢得了长治久安下的繁荣发展。

宽容是一种接纳，宽容别人，才能赢得人心，接纳世界，才能融入世界。对那些胸襟比天空更广阔的人来说，整个世界都是他们的。

战国时期的楚庄王，在爱妾被一位醉酒后的将军调戏的情况下，竟然能拿出容人之量，不追究犯上者的罪，宽容了这位将军的罪过，实在是难能可贵。

当日，楚庄王兴致大发，大摆酒宴,招待群臣。自中午一直喝到日落西山。楚庄王又命点上蜡烛继续喝。群臣们越喝兴致越浓。忽然间，起了一阵大风，将屋内蜡烛全部吹灭。此时，一位喝得半醉的武将乘灯灭之际，搂抱了楚庄王的妃子。妃子慌忙反抗之际，折断了那位武将的帽缨，然后大声喊道："大王，有人借灭灯之机，调戏侮辱我，我已将那人的帽缨折断，快快将蜡烛点上，看谁的帽缨折断了，便知是谁。"

正当众人忙着准备点灯时，楚庄王高声喊道："切莫点烛，寡人今日要与众卿尽情欢乐，开怀畅饮。如果不扯断帽缨，说明他没有尽兴，现在大家都把帽缨折断，谁不折断，那我就要处罚他！"

众人一听，齐声称好，等大家都把帽缨折断以后，才重新将蜡烛点上，大家尽兴痛饮，愉快而散。此后，那位失礼的武将对楚庄王感激不尽，暗下决心，自己的人头就是楚庄王的，为楚庄王而活着，对楚庄王忠心耿耿，万死不辞。后来，在一次危急关头，那位失礼的武将拼着性命救了楚庄王。楚庄王以一时的忍让原谅，换取了自己的一条性命。

海纳百川，有容乃大。要想拥有辉煌的事业，首先就要拥有心胸和气量。心胸宽则能容，能容则众归，众归则才聚，才聚则事业强。这也验证了"心有多大事业就有多大，胸怀有多宽事业就有多广"这句话。有人形象地说："能容一个班的人，只能当班长；能容一个团的人，只能当团长；能容亿万人的人，才能成为领袖。"所以，你如果要想成就一番事业，就必须有恢宏的气度，能容人所不能容，忍人所不能忍，善于求大同存小异，团结大多数人。

沙皇亚历山大骑马旅行到俄国西部。一天，他来到一家乡镇小客栈，为进一步了解民情，他决定徒步旅行。当天他穿着一身没有任何军衔标志的平纹布衣，但当他走到一个三岔路口时，他想不起回客栈的路了。

亚历山大无意中看见有个军人站在一家旅馆门口，于是他走上去问道："朋友，你能告诉我去客栈的路吗？"

那军人叼着一只大烟斗，头一扭，高傲地把他上下打量了一番，傲慢地答道："朝右走！"

"谢谢！"亚历山大又问道，"请问离客栈还有多远？"

"1英里。"那军人生硬地说，并瞥了他一眼。

亚历山大抽身道别，刚走出几步又停住了，回来微笑着说："请原谅，我可以再问你一个问题吗？如果你允许我问的话。请问你的军衔是什么？"

军人猛吸了一口烟说："猜嘛。"

亚历山大风趣地说："中尉？"

那烟鬼的嘴唇动了一下，意思是说不止中尉。

"上尉？"

烟鬼摆出一副很了不起的样子说："还要高些。"

"那么，你是少校？"

"是的！"他高傲地回答。

于是，亚历山大敬佩地向他敬了个礼。

少校转过身来摆出一副对下级说话的高贵神气，问道："假如你不介意，请问你是什么官？”

亚历山大乐呵呵地回答：“你猜！”

“中尉？”

亚历山大摇头说：“不是。”

“上尉？”

“也不是！”

少校走近仔细看了看说：“那么你也是少校？”

亚历山大镇静地说：“继续猜！”

少校取下烟斗，那副高贵的神气一下子消失了。他用十分尊敬的语气低声说：“那么，您是部长或将军？”

“快猜着了。”亚历山大说。

“殿……殿下是陆军元帅吗？”少校结结巴巴地问。

亚历山大说：“我的少校，再猜一次吧！”

“皇帝陛下！”少校的烟斗从手中一下子掉到了地上，猛地跪在亚历山大面前，忙不迭地喊道：“陛下，饶恕我！陛下，饶恕我！”

“饶恕你什么，朋友？”亚历山大笑着说，“你没伤害我，我向你问路，你告诉了我，我还应该谢谢你呢！”

做人，必须有大气量。人生在世，无论你干什么，如果没有气量或缺乏气量，其结果只能是碌碌无为的平庸一生。但凡有大成就的成功者，都与他们的气量息息相关，这是不争的事实，无须赘述。气量，它能使人性情豪迈，让人不会为一些小事去伤脑筋，不会为一时的挫折而心灰意懒，不会无中生有地去猜忌别人。气量，它能使人宽厚仁慈，会让人换位思考问题，包容他人的缺点，对人对事抱着一颗真诚仁慈的心。总之一句话，只要有足够的气量，你就会获得成功。

心字头上一把刀，一事当前忍为高

俗话说：心字头上一把刀，一事当前忍为高。忍让是一种美德，同时也是一种涵养。忍有极大的好处，我们认为，忍是修身养性的前提，忍是安身立命的最好法宝，忍是众生和谐的祥瑞，忍是成就大业的利器，忍是生财致富的妙门。忍一时风平浪静，退一步海阔天空。为了长远的考虑，不必计较一时、一事之长短，没有什么不能忍的。

忍，即是忍让，是人生当中的一种智慧。在家庭、工作、公共场合甚至出行中，我们都应该好好地学习这门学问，这对于我们的生活来说不无裨益，忍能使自己的思想境界得到升华。

一位男青年在公共汽车上随意往地上吐了一口痰，被售票员看到了。售票员对他说："这位先生，为了保持车内的清洁卫生，请不要随地吐痰。"让人万万没想到的是，男青年听后不仅没有道歉，反而破口大骂，说出一些不堪入耳的脏话，而且又狠狠地往地上连吐了几口痰。

那位售票员是位年轻的小伙子，此时已经被气得面色涨红，两眼瞪得溜圆，双手握着拳头，捏得拳头咔咔直响。车上的乘客议论纷纷，大家都认为两个人非打起来不可。有为售票员抱不平的，有帮着那个男青年起哄的，也有挤过来看热闹的。大家都关心事态如何发展，有人悄悄告诉司机把车开到公安局去，免得一会儿在车上打起来局势没法控制。

没想到那位售票员定了定神，松开拳头，平静地看了看那位男青年，对大伙说："没什么事，请大家回座位坐好，以免摔倒。"一面说，一面从衣袋里拿出手纸，弯腰将地上的痰迹擦掉，扔到了垃圾箱里，然后若无其事地继续卖票。

大家都被这个举动惊呆了。车上鸦雀无声，那位男青年的舌头突然短了半截，脸上的表情也不自然起来。车到站还没有停稳时，男青年就急忙跳下车，刚走了两步又跑了回来，对售票员喊了一声："哥们！我太佩服你了！"车上的人都笑了，七嘴八舌地夸奖这位售票员不简单，真能忍，即使骂不还口，也能将那个浑小子制服。

在上例中，售票员面对辱骂，如果忍不住和那个男青年争辩或者打起来，只能使事态变得更严重；与之对骂，又破坏了自己的形象；默不作声，又显得太亏了。他请大家回座位坐好，既对大伙儿表示了关心，又忽略了眼前这件事，缓解了紧张的气氛；他弯腰若无其事地将痰迹擦掉，此时无声胜有声，比任何语言都更有说服力。他的行为不仅感动了那位男青年，也教育了大家。

忍让是一种力量，在冲突与不愉快发生时，忍让是"以柔克刚"，进而达到"忍一时风平浪静，退一步海阔天空"的心境。

忍让并非是一种懦弱，而是一种修养、一种美德、一种成熟的涵养，更是一种以屈求伸的深谋远虑。同时，忍让也是人类适应自然选择和社会竞争的一种方式。

忍让是一种处世的艺术，是一种淡然的生活态度，能将生活中不快的事和许多不良的情绪淡化和遗忘。

战国时期，蔺相如因卓越的外交才能而被赵惠文王拜为上卿，位列战功卓著的老将军廉颇之右。

廉颇对此相当不满，心想自己南征北战，九死一生为赵国立下了汗马功劳，到头来反倒让只会耍嘴皮子的蔺相如占了上风，心里不服，表示遇到他一定当面羞辱他一番。蔺相如知道这件事情后，不愿意和廉颇争位次先后，便处处留意，有意避让廉颇，上朝时假称有病，以便回避。

有一次，蔺相如乘车外出，远远望见廉颇的车子急驶而来，急忙叫手下人将车赶入一条小巷。手下人见廉颇得意扬扬地远去，非常气愤，以为蔺相如怕廉颇。蔺相如对他们说："连如狼似虎的秦王我都不惧怕，难道我怕廉颇将军？我们赵国到今天之所以未遭秦国攻打，是因为武的他们怕廉颇将军，文的怕我蔺相如啊。如果我和廉将军不能和睦相处，互相冲突，则必有一伤。内讧一起，秦国就会趁机侵略赵国，将相不和而引敌来犯，我岂不成了国家的罪人？所以，我对将军避让，是因为我把国家安全放在前头，不计较个人恩怨。"听了蔺相如这番话，手下人大为感动，从此他们也学蔺相如的样子，对廉颇手下也处处谦让。

不久，此事传到了廉颇的耳中，他被蔺相如如此宽大的胸怀深深感动，更为自己的言行深感愧疚。于是脱掉上衣，背负荆条，亲自到蔺相如家中请罪，他沉痛地说："我是个粗陋浅薄的人，真是糊涂了。真想不到你会对我如此宽容，惭愧啊惭愧！"

蔺相如见廉颇态度真诚，赶忙亲手解下荆条，请他入座，两人坦诚相叙，以此誓同生死，成为至交。这就是历史上有名的"负荆请罪"。

蔺相如的忍让使得赵国出现了将相和睦的大好局面。

生活中我们常常会遇到亲人、朋友、同事的误解，甚至是欺凌，面对这些"人民内部矛盾"，最好的办法就是忍让。忍让意味着善解人意、通情达理。遇事多为别人着想，善于体谅他人的难处，理解对方那些一时冲动的言行，这样你自然就能平和地看待问题，也不会觉得自己受了多大的委屈。

宋代苏洵说："一忍可以制百辱，一静可以制百动。"这就是忍让的巨大作用。如果我们对待非原则性的问题，能忍则忍，能让则让，则我们心态会更平和，生活会更美好。

闻"批"则喜，善待他人的批评

在现实生活中，有的人一听到批评意见，就觉得如芒在背，也不管批评得对与不对，便想当然地认为批评者是存心跟自己"过不去"。其实我们完全可以用平常心去对待这些批评，心平气和地聆听，即便对方说得有些偏颇，我们也可以用更冷静的方式去应对。任何时候，生气抓狂只会让事情变得更加糟糕。

我国明代文学家屠隆在《续娑罗馆清言》中说："情尘既尽，心镜遂明，外影何如内照；幻泡一消，性珠自朗，世瑶原是家珍。"意思是说，只要放下对尘世的眷恋之情，心灵之镜就会明亮澄澈，与其从外部关注自己的形象，不如从内部进行自我省察，驱除庸俗的念头；只要看破实质，打消对如梦幻泡影一样的世事的执着之念，那么自身天性就会像明珠一样晶莹剔透，熠熠生辉，要做世间少有的通达超脱之人，最关键的还是要保护好内心的那一份淡然。

吕燕，作为一名国际知名的模特，她并不算是传统意义上的美女。小小的眼睛，高高凸起的颧骨，没有笔挺的鼻梁，只有满脸的雀斑。因此，在她刚刚进入大众视野的时候，遭到了很多人的质疑，甚至是嘲讽。很多人都说："如果这种长相也能当上世界名模，那么任何人都能走T台了。"可是，吕燕并没有把这些嘲讽放在心里，而是用坦然自信的态度来面对大众。因为倔强的她知道，一味地生气并没有用，如果把太多的心思放在反驳上，就等于是在浪费自己的时间和感情。与其这样倒不如心胸坦荡地走自己的路，还有可能会赢得成功。

果然，吕燕成了中国第一个走向世界的名模，也是国内获得荣誉最多、知名度最高的模特。在2009年的"60年中国十大风尚影响女性"的评选中，吕燕是这次评选中唯一入选的女模特。

吕燕成功之后，又有人这样评价她："她的美不同寻常，是一种兼具了天使的纯洁和魔鬼的野性之美，她那性感的嘴唇和高挑的身材，使她能够在T台上大放光芒，无人能敌。"不管是嘲讽，还是表扬，吕燕都淡然处之，不为所动。正是因为这种"不在意"的态度，才让她能够在自己的道路上越走越远。

人人都有发表批评意见的权利，不管是对还是错，这是你不能阻止的，有时"旁观者未必清"，他们的立场都是以他们自己为中心。只要自己认准了就无怨无悔地去做，其实最后取得胜利的往往是你自己。

美国总统林肯面对那些刻薄的恶意批评曾写过一段话，林肯的这段话后来被英国首相丘吉尔裱挂在了自己的书房里。林肯的这段话是这样说的："对于所有恶意批评的言论，如果我花时间仔细研究它们，我们恐怕会一事无成。我自己将尽自己最大的努力，做自己认为是最正确的事，而且我会一直坚持到底。如果结果证明我是对的，那些恶意批评便不去计较；反之，我是错的，即使有十个天使为我辩护也是枉然啊！”

对于他人的恶意批评，我们可以采取淡然面对或置之不理的态度，但对于他人的善意批评，我们要采取虚心接受的态度。只有这样，我们才能真正进步。

现实生活中，人们往往可以通过他人的批评来正视、修正自己的错误行为，从而提高自身能力。必须承认，他人的批评，除了少数是别有用心之人的恶意诽谤之外，绝大部分都是善意的、正确的，都是针对我们的缺点和不足提出来的。与其等待敌人来攻击我们，倒不如认真对待身边人的批评，先对自己的堡垒进行一次检修和加固。

唐太宗李世民说：“以铜为鉴，可正衣冠；以古为鉴，可知兴替，以人为鉴，可明得失。”坦然接受他人的批评不仅是心理强大的表现，还能帮助我们不断进步。通过别人的批评，我们可以认识到自己的缺点和不足，从而积极改正。如果闭目塞听，我们便会狂妄自大或者盲目自卑。所谓“旁观者清，当局者迷”，自己对自己的看法总是带有主观色彩，而他人对我们的看法则是公正客观的。

李蔓刚从大学毕业的时候，被分配在一个离家较远的公司上班。每天清晨7时，公司的专车会准时等候在一个地方接送她和她的同事们。

一个骤然寒冷的清晨，闹钟尖锐的铃声骤然响起，李蔓伸手关闭了吵人的闹钟，打了个哈欠，转了个身又稍微赖了一会儿暖被窝。那一个清晨，她比平时迟了一会儿起床，当她抱着侥幸的心理，匆忙奔到专车等候的地点时，已经是7点过5分了，班车开走了。站在空荡荡的马路边，她茫然若失，一种无助和受挫的感觉第一次向她袭来。

就在她懊悔沮丧的时候，突然看到了公司的那辆蓝色轿车停在不远处的一幢大楼前。她想起了曾有同事指给她看过那是上司的车，她想真是天无绝人之路。她向那车走去，在稍稍犹豫后打开车门悄悄地坐了进去，并为自己的聪明而得意。

为上司开车的是一位慈祥温和的老司机。他从反光镜里已看她多时了，这时，他转过头来对她说："你不应该坐这车。"

"可是班车已经开走了，不过我的运气真好。"她如释重负地说。

这时，她的上司拿着公文包飞快地走来。待上司习惯地在前面的位置上坐定后，她才告诉上司说："对不起，班车开走了，我想搭您的车子。"她以为这一切合情合理，因此说话的语气充满了轻松随意。

上司愣了一下，但很快坚决地说："不行，你没有资格坐这车。"然后用无可辩驳的语气命令："请你下去！"

她一下子愣住了——这不仅是因为从小到大还没有谁对她这样严厉过，还因为在这之前她没有想过坐这车是需要一种身份的。就凭这两条，以她过去的个性定会重重地关上车门以显示她对此不屑一顾，然后拂袖而去。可是那一刻，她想起了迟到将对她意味着什么，而她此时非常看重这份工作。

于是，一向聪明伶俐但缺乏生活经验的她变得从来没有过的软弱，她用近乎乞求的语气对上司说："我会迟到的。"

"迟到是你自己的事。"上司冷淡的语气没有一丝一毫的回旋余地。

她把求助的目光投向司机，可是老司机看着前方一言不发。委屈的泪水蓄满了她的眼眶，她强忍住不让它们流出来。

车内一下子陷入了沉默，她在绝望之余为他们的不近人情而伤心。他们在车上僵持了一会儿。最后，让她没有想到的是，她的上司打开车门走了出去。坐在车后座的她，目瞪口呆地看着有些年迈的上司拿着公文包，在凛冽的寒风中挥手拦下一辆出租车，飞驰而去。泪水终于顺着她的脸颊流淌下来。

老司机轻轻地叹了一口气："他就是这样一个严格的人。时间长了，你就会了解他了。他其实也是为你好。"

老司机给她说了自己的故事。他说他也迟到过，那还是在公司起步阶段，"那天上司一分钟也没有等我，也不要听我的解释。从那以后，我再也没有迟到过。"

李蔓默默地记下了老司机的话，悄悄地拭去泪水，下了车。那天她走出出租车踏进公司大门的时候，上班的钟声正好响起。

从这一天开始，她长大了许多。

有时候，批评也是一份关爱，一片坦露的真诚，一腔恨铁不成钢的期待与愿望。因此，我们要以一颗宽容的心深深地感谢他人的批评。

坦然接受别人的批评，我们才能认真分析批评的对错和自己的得失。在遇到别人的批评时，装聋作哑、息事宁人并不是明智的做法。把别人的批评看作理所当然，并坦然接受，才能将批评本身的负能量转化成积极能量。如果一个人对别人的批评心不甘情不愿地接受，他最多也就是承认自己存在一些失误，但并不会认真去改正。这其中有种赌气的成分存在：你不是要挑我的毛病吗？我偏偏就是不改。所以，对于别人的批评，我们要消除心中的不悦，用一颗平常心去对待。

认真考虑别人的批评，别人才会愿意继续帮助我们进步。当他人诚心诚意地提出批评时，如果我们不虚心接受，反而盲目地反唇相讥，往往会伤害对方对自己的感情，甚至在两人之间筑起心理壁垒。对方批评我们，肯定是为我们好。如果我们不接受他人的帮助，他人就会觉得我们"孺子不可教也"，从此再也不插手我们的事情。了解到这件事情后，其他的人也不会再关心我们的生活。久而久之，我们就变成了孤家寡人，失去了进步的机会。

面对别人的批评，保持冷静和虚心接受的态度是非常重要的。但同时，我们还要有客观评价自己的标准，否则将很难判断别人的批评是否正确，另外还要有主见，这样才不会乱了方寸，不知所措。别人的批评并不完全对我们有利，难免会有居心叵测的人故意伤害我们。有时候，因为对事情的看法不同，别人的善意批评也有可能是错误的。所以，对于别人的意见我们要学会鉴别。

总之，我们不可能让所有人喜欢，让所有人满意。所以，面对别人的指责时，尽量超脱些。别人批评我们，说明我们还有待进步，虚心接受这些批评并认真分析，我们就能够得到提高。正如著名思想家爱默生说的那样：“如果我们将批评比喻为一桶沙子，当它无情地撒向我们时，我们不妨静下心来，在看似不合理的要求中，找到让我们进步的‘金沙’，在批评中寻找成功的机会。”

欣赏你的对手，为他鼓掌叫好

水，滋养万物而不与万物相争，它为花的艳丽而感到骄傲，为草的葱绿而感到自豪，为树的茁壮而感到高兴，它不会羡慕和妒忌，相反，它用奔腾的流水声奏出了一曲曲动听的乐章，为万物的生长加油、助威、叫好。做人也应该如水一样，学会为别人鼓掌、叫好。

一位成功人士说：“为竞争对手叫好，并不代表自己就是弱者。为对手叫好，非但不会损伤自尊心，相反还会收获友谊与信任。”

为对手叫好，就要舍得为他“付出”，对方陷入困境的时候，你要保持冷静，不能见机踹他一脚，当你成功的时候，不要在对方面前趾高气扬，应克制自己，不要流露出得意之情。做到这些就是“付出”，勇敢的“付出”。

为对手叫好是一种胸怀，你付出了赞美，得到的却是感激。为对手叫好是一种智慧，因为你在欣赏他们的同时，也在不断提升和完善自我；为对手叫好是一种修养，因为为对手叫好的过程，也是自己矫正自私与妒忌心理，从而培养大家风范的过程。

在一档世界职业拳王争霸赛中，参加比赛的是美国两个职业拳手，年长的叫卡非拉，年轻的叫巴雷拉。上半场两人打了六个回合，实力相当，难分胜负。

在下半场第七个回合中，巴雷拉接连击中老将卡非拉的头部，顿时，卡非拉鼻青脸肿。

在短暂的休息时间，巴雷拉真诚地向卡非拉致歉，他先用自己手中干净的毛巾一点一点擦去卡非拉脸上的血迹，后把矿泉水洒在卡非拉头上，一脸歉意，那神情仿佛受伤的是自己。

接下来两人继续交手。也许是年纪大了，也许是体力不支，卡非拉一次又一次被巴雷拉击中后倒在地上。

按规则，裁判连喊10下，如果倒地的拳手起不来则对手胜利。卡非拉挣扎着起身，裁判开始报数：“1，2……”可3还没出口，巴雷拉就一把将卡非拉拉了起来。

裁判很吃惊，这样的举动在拳场上很少见。

巴雷拉向裁判解释说：“我犯规了，只是你没有看见，这局不算我赢。”卡非拉站起来后，他们微笑着击掌，继续交战。

最终，卡非拉以108∶110的成绩负于巴雷拉。观众潮水般涌向巴雷拉，向他献花、致敬、送礼物。

巴雷拉拨开人群径直走向被冷落的老将卡非拉，把鲜花送给了他。两人紧紧地抱在一起，相互亲吻被击中的部位，俨然是一对亲兄弟。卡非拉真诚地向巴雷拉祝贺，他握住巴雷拉的手高高举过头顶，向全场观众致敬。

卡非拉虽然败了，但败得很有风度；巴雷拉赢了，赢得很大度。从某种意义上说，两个人都赢了，他们相互为对方叫好，赢在人格上了。

为对手叫好，是一种谋略，能做到放低姿态为对手叫好的人，那他在做人做事上必定会成功。

为对手叫好，是从心底承认对手的实力；为对手叫好，是对自身缺陷的一次深刻反思；为对手叫好，彰显出了一种直面输赢的成熟与大气；为对手叫好，是一种历经千锤百炼才具有的昂扬姿态。

亚历山大和大流士在伊萨斯展开激烈交战，大流士失败后逃走了。一位仆人想办法逃到大流士那里，大流士向他询问自己的母亲、妻子和孩子们是否活着，仆人回答：“他们都还活着，而且人们对她们的殷勤礼遇跟您在位时一模一样。”

大流士听完之后又问他自己的妻子是否仍忠贞于他，仆人回答仍是肯定的。于是他又问亚历山大是否曾对她强施无礼，仆人先发誓，随后说：“陛下，您的王后跟您离开时一样，亚历山大是最高尚的人，最能控制自己的英雄。”

大流士听完仆人这句话，双手合十，对着苍天祈祷说：“啊！宙斯大王！您掌握着人世间帝王的兴衰大事。既然您把波斯和米地亚的主权交给了我，我祈求您，如果可能，就保佑这个主权天长地久。但是如果我不能继续再称王了，我祈祷您千万别把这个主权交给别人，只交给亚历山大，因为他的品德高尚无比，对敌人也不例外。”

大流士虽然战败了，但却能够主动赞赏亚历山大，这说明他有一个博大的胸怀。

称赞对手，为对手叫好，特别是为刚刚打败自己的对手鼓掌，不仅需要敢于面对自己失败的勇气，更需要一种胸怀，即战胜了人性弱点，容纳自己，更容纳别人的胸怀，做到了这两点的人，比强者还可爱，或者说，他们才是从失败中站起来的强者。

心怀宽容，化解自身和他人的妒气

嫉妒俗称“红眼病”，是一种不健康的心态，是由于个人与他人比较，发现别人在某一方面或某几方面比自己强而产生的一种羞愧、不满、怨恨、愤怒的复杂情绪。古希腊哲学家说：“嫉妒是对别人幸运的一种烦恼。”从这句话中，我们就能看出，嫉妒是有明显对抗性的，这种对抗表现为攻击性，攻击的目的就是要颠覆别人的“幸运”。

《科学蒙难集》中记载有这样一件事：

举世闻名的大化学家戴维发现了法拉第的才能，于是将这位铁匠之子、小书店的装订工招到皇家学院做他的助手。法拉第进入皇家学院之后进步很快，接连搞出多项重要发明，就连在戴维失败的领域他也取得了成功。

然而，当法拉第的成就超过戴维之后，戴维心中不可遏制地燃起了嫉妒之火。他不仅一直不改变法拉第实验助手的地位，还诬陷其剽窃别人的研究成果，极力阻拦法拉第进入皇家学会。这大大影响了法拉第创造才能的发挥。

直到戴维去世，法拉第才开始其真正伟大的发明创造。

戴维本应享受伯乐的美誉，却因嫉妒心理阻碍了法拉第的迅速成长，不仅给科学发展带来了损失，也使自己背上了阻碍科学发展、使科学蒙难的恶名，留下了令人遗憾的人生败笔。

生活中，爱嫉妒的人常常会诋毁别人的成就，还会怨恨自己的无能，心中充满唯恐被别人超越的苦恼，身心备受煎熬。嫉妒心强的人还会惹是生非，拆人家的台，给人家处处出难题，使绊子，同时自己也变得消沉，或是充满仇恨。如果一个人心中充满仇恨，那么他距离成功也就越来越远。

于娜曾经和她的朋友们相处得很好。那时她已经恋爱，交往过好几个男友，条件都不错，足以让她在同事和朋友面前引以为荣。她重视外表的光鲜，很会打扮，眼光也总比别人时尚，朋友们也常从她这里学到东西。那时她偶尔会劝单身的姐妹一起去泡吧，有的跟着她去了，有的不想去，却明白她的善意，即使不喜欢吧里的氛围，也会跟她一起去。

后来，于娜身边的小姐妹们也纷纷开始谈恋爱，从那时起，于娜就开始不对劲了。大家一起逛商店，只要朋友买的东西比她的贵，或是朋友的男友送的礼物更好，她就耿耿于怀，回去就跟男友吵架，非得要个更贵的，把别人比下去。刚开始吵一两次，男友多掏点钱买东西哄哄也就过去了，可长此以往，哪有钱去满足她在所有物质上都要比过身边所有人的要求？男友只好和她分手。

于娜被男友抛弃后，又碰上几个朋友陆续结婚，她好像生怕单身久了嫁不掉似的，碰上个条件不怎么样的就急匆匆闪婚了。由于对自己的婚姻并不满意，她的嫉妒心逐渐失控，见不得别人过得比自己好。

朋友感情融洽，她会百般挑刺，劝别人赶紧分手；有人生了小孩，胖乎乎的样子很可爱，她会说小孩胖看着特别傻。甚至，她听说一个同事买了台液晶电视，也能酸溜溜地说："我们家的电视还行，先不换，反正又没有外人来看。"谁家的电视是买给外人看的？发展到后来，任何人买了她买不起的东西，都会被她话中带刺地酸几句，搞得谁都不敢再跟她多接触。

于娜现在越来越孤单了，周末也难得约到朋友出来玩，似乎别人的时间总是早有安排。有一回她打了一圈电话，也没找到能陪她去买衣服的人。在自己独自逛街的时候，她却在商场看到几个熟人正有说有笑地闲逛——她们刚用不同的理由拒绝了她的邀请。于娜顿时被愤怒和委屈填满了，可她没有上前质问，而是转身就走，还生怕让她们看到自己狼狈的身姿。是从什么时候开始，自己竟落到了这般田地？于娜自己也不知道。

嫉妒是一种毒药，攻击别人的同时也灼烧了自己的内心。像于娜这样嫉妒心强的女人，永远也无法得到幸福，她只习惯当红花，让别人做陪衬的绿叶，一旦别人比她优越，她就会感到痛苦。

嫉妒是万恶的根源，是美德的窃贼。越是嫉妒别人，就越容易消磨自己的斗志和锐气，越会陷入无止境的叹息，使自己的人生之舟搁浅在嫉贤妒能的荒滩上。

在日常的工作与生活中，当我们遭到别人的嫉妒，我们应该怎么办呢?

首先，如果有人嫉妒你，你应感到高兴。因为这证明你比对方出色，你若一无是处，无论如何他是不会嫉妒你的。这样想，当有人嫉妒你时，你就不会生气，反而会始终保持平和的心态。

其次，如果有人嫉妒你，你就以宽容心去对待。千万不要同嫉妒者舌枪唇剑，因为这是一场毫无意义的比赛，你无法得分，更无法赢得比赛，你不要和他计较，你的宽容和高姿态会给你赢得更多的分数。

最后，更加努力提高自己。你只比别人强那么一点点，别人忌妒你，当你比别人强很多，并让众人望尘莫及时，众人只能佩服你。

总之，当别人对你产生了嫉妒时，千万不要心烦急躁，关键是要看你能不能正视嫉妒。我们要以平和的心态、宽容的胸襟去从容面对别人的嫉妒。另外，我们也要克服自身的嫉妒心理，平静地看待别人所取得的成就，这是拥有幸福人生的秘诀。

学会适当妥协，做生活中的智者

山，固然高傲、巍然耸立，但它又不得不让出些许地方，让水随意流动，让花草树木繁衍生息。大自然的妥协，在某种程度上来说，是为了让各种事物之间达到和谐融洽的有机结合，让强与弱共存，大与小共生，美与丑同在，唯有如此，才会装扮出五彩的世界。

山与水在大自然中的妥协，让世界变得如此美丽，那么人与人之间的妥协，也必定会让社会变得一片和谐。

人与人之间的妥协，是一种谦让、一种大度、一种宽容。当两个人之间发生摩擦或者冲突时，相互妥协，就会化干戈为玉帛。所以说，现代生活中，妥协已成为人们交往中一道不可或缺的润滑剂，发挥着越来越重要的作用。

松下幸之助在创立自己的公司后，对公司员工的要求非常严格，每次大的决策势必亲自参加。但是他并不是一个只看中自己，完全不听取其他人意见的人。

在一次决策会上，松下幸之助对一位部门经理说："我个人要做很多决定，并要批准他人的很多决定，实际上只有40%的决策是我真正认同的，余下的60%是我有所保留的，或我觉得过得去的。"经理觉得很惊讶，假使松下幸之助不同意，大可一口否决，完全没有必要征求旁人的意见。

松下幸之助接着说："我不可以对任何事都说不，对于那些我认为算是过得去的计划，大可在实行过程中指导它们，使它们重新回到我所预期的轨道上来。我想一个领导人有时应该接受他不喜欢的事，因为任何人都不喜欢被否定。我们公司是一个团队，并不仅仅是我一个人的公司，公司需要大家的群策群力，妥协有时候会使公司更强大、人际关系更融洽。"一番话让这位经理动容不已。

在现代生活中，善于妥协不仅是一种智慧，而且是一种美德。能够妥协，意味着对对方利益的尊重。意味着将对方的利益看得和自身利益同样重要。在个人权利日趋平等的现代生活中，人与人之间的尊重是相互的。只有尊重他人，才能获得他人的尊重。因此，善于妥协就会赢得别人更多的尊重，成为生活中的智者和强者。

生活中有太多的竞争，也有太多的无奈。当你的才能和力量不足以获取利益时，当你不愿意在争吵中生活时，当命运的利剑把你逼进死角时，学会妥协吧，妥协也是一种智慧。

妥协是生存的谋略，妥协是有原则的退让，妥协是对现状的暂时认可，妥协是一个人道德的反映。在婚姻的围城里，夫妻之间难免吵闹。当针尖与麦芒相对时，一味地争吵、谩骂难以解决问题，只会激化矛盾，最终两败俱伤。如果一方平心静气，退让一步，妥协之水必将熄灭愤怒的心火。这时，你表现的不是懦弱，而是宽宏大量。

结婚不久，一位妻子打算给房间挑一些合适的墙纸，但丈夫和她的选择大相径庭。“我喜欢这种。”妻子说。“那颜色太差，我们若用它的话，就和进了医院差不多。”丈夫说。“你怎么可以那样说，这颜色今年挺流行的。”“那是他们瞎了眼，我喜欢这张。”“就算是进医院好了，我也要选那种。”……争论不休中，妻子正色道：“与其我们白白浪费时间在那些我们都不喜欢的颜色上，倒不如我们集中精力找出一种我们都喜欢的来。”他们就那样解决了纠纷，最后找到了一种两人都合意的墙纸。通过这件事后，当他们为了其他事而争执时，他们都会说：“我们商量一下，好吗？”

生活的奥秘是无穷无尽的，并非一潭死水，难免会有磕磕碰碰，矛盾纷争。为了给生活减少不必要的摩擦，我们不妨学会妥协。

妥协，并不是简单地向别人低头，单纯地让步或轻易地放弃，它只是一种有分寸的后退，一种适度的弯曲，在困难与压力面前低头是人的一种基本生存能力。在强大的压力面前，死撑硬拼只能换来无谓的牺牲。

芸芸人海中，你要直面坎坷的命运，面对竞争，有时还要承受明枪暗箭。如果在征战中你伤痕累累，如果在争斗中你身心疲惫，不妨暂时退让一步，找一个安静的地方休整身心。这时，你的妥协不是投降，而是有计划地养精蓄锐。

爱默生说："事物都是相互妥协的。就算是冰山也是会时而消融，时而重新冻结。"是的，人生就像植物一样，也有生命的四季：春萌芽、夏成熟、秋收获。当寒风凛冽、天寒地冻的时候，我们就要妥协，把生命的根系藏在地下，默默吸收养分，重新孕育生机。等到积雪融化的时候，希望的芽儿自然会钻出地面，沐浴温暖的阳光，尽情展现生命的颜色。

现实生活中我们常常强调自己的优势，而忘了有时妥协也是成功最重要的因素之一。妥协并不意味着放弃原则，一味地让步。我们应当区分明智的妥协和不明智的妥协。明智的妥协是一种适当的交换。为了达到主要的目标，可以在次要的目标上做适当的让步。这种妥协并不是完全放弃原则，而是以退为进，通过适当的交换来确保达到自身要求。相反，不明智的妥协，就是缺乏适当的权衡，或是坚持了次要目标而放弃了主要目标，或是妥协的代价过高而遭受了不必要的损失。因此，明智的妥协是一种让步的艺术，而掌握这种高超的艺术，是现代人成功生活的必备素质。

第七章
消极心态走了，幸福快乐来了

你的平常心，足以应对无常的人生

人们常说要保持平常心，究竟什么是平常心。让我们先体会一首禅诗：

春有百花秋有月，夏有凉风冬有雪。

若无闲事挂心头，便是人间好时节。

这首禅诗就表达了“平常心是道”的境界。平常心，是指眼前之境，就是真心的显现，你只要保持初心，珍惜眼前，就不需要到遥远的地方去追寻。

有个信徒问慧海禅师：“您是有名的禅师，可有什么与众不同的地方？”

慧海禅师答道：“有。”

信徒问道：“是什么呢？”

慧海禅师答道：“我感觉饿的时候就吃饭，感觉疲倦的时候就睡觉。”

“这算什么与众不同的地方，每个人都是这样的，有什么区别呢？”

慧海禅师答道：“当然是不一样的！”

“为什么不一样呢？”信徒问道。

慧海禅师说道：“他们吃饭的时候总是想着别的事情，不专心吃饭；他们睡觉时也总是做梦，睡不安稳。而我吃饭就是吃饭，什么也不想；我睡觉的时候从来不做梦，所以睡得安稳。这就是我与众不同的地方。”

慧海禅师继续说道：“世人很难做到一心一用，他们在利害中穿梭，囿于浮华的宠辱，产生了‘种种思量’和‘千般妄想’。他们在生命的表层停留不前，这是他们生命中最大的障碍，他们因此而迷失了自己，丧失了‘平常心’。要知道，只要将心灵融入世界，用心去感受生命，才能找到生命的真谛。”

其实，平常心每个人都有，可却因为种种诱惑，很少有人真正体会到，所以平常心是很难得的。如果一个人能够心无杂念，把功名利禄看破，就可以真正拥有一颗平常心了。

平常心是一种恬淡洒脱、气定神闲的心态。“宠辱不惊，看庭前花开花落；去留无意，观天上云卷云舒”是其生动写照。

在我们的生活中经常看到：有的人常常在成功的掌声中变得目空一切、得意忘形；有的人则在失败的打击中变得心灰意懒、一蹶不振；有的人在荣誉的光环下变得患得患失、畏首畏尾；有的人因为一时的屈辱把自己整个人生涂得一片漆黑……尽管各不相同，但是都因为缺少了一颗平常心，他们在贫富得失、福祸悲喜面前，既拿不起，也放不下，既输不起，也赢不起。心境失去平静，生活失去平和，整个人生品尝着绵绵无尽的焦虑与惶恐、无奈与苦涩、疲惫与怨怒、失落与惆怅，总是郁郁寡欢，终生不得志，总是患得患失，惶恐不安。

成败得失都有其自然法则，毁誉褒贬皆为平常中的道理。只要怀有一颗平常之心，我们就能做到豁达、宽容、积极、乐观，而不是狭隘、刻薄、消极、悲观。

吉姆·特纳40岁的时候继承了一笔财产，拥有了一家资产达30亿美元的公司。然而，面对丰厚的财产，他表现得非常淡然，他对公司资产全面盘点，以50年作为基数，减去自己和全家所需，除去应付的银行利息、公司支出、生产投资等，然后拿出3000万美元为家乡建了一所大学，其余的钱捐给了美国社会福利基金。人们大惑不解，他说："对我来说，这笔钱已经没有什么实质意义了，花掉它，就是花掉了我的负担。"面对加勒比海海啸给公司造成1亿多美元的损失，他在董事会上依然谈笑风生："纵然失去了1亿美元，但我还是比你们富有，我有多于你们好几倍的快乐。"后来，他的一个孩子因车祸不幸身亡，他说："我有5个孩子，失去1个痛苦，还有4个幸福。"

吉姆·特纳这种淡化过去的心态，给了人们一个有益的启示：有些事情过去了，就不要自寻烦恼地记在心上了，若能把万千往事视为过眼云烟，就能求得心安，总之，保持一颗平常心最重要。

保持平常心，最重要的是对自己有全面的了解，清楚地知道自己的实力究竟有多少，越是了解自己，出现问题时就越不慌，因为结果已经预料到了。

所以你会发现，年纪大的人会更沉着一些，因为随着年龄的增长，阅历的增加，他们对自己更加了解，所以对于自己的成功与失败就更看得开了。

要想保持平常心，对事对人就不要强求，不要完美主义，要顺其自然。人生在世，不如意事十之八九，所以发生就发生了，顺它而去，这样才会有广阔的胸怀，做大的事情。

要想拥有一颗平常心，我们就要在现实中，随着时代的进步，追求新的知识，创造新的环境，才能自求生存。在生活中，为物欲所刺激，姿情狂妄，重利忘义，就会丧失自己的良知，损害人们利益。

保持平常心，就是保持一种轻松平和的心态，正确地看待自己，宽容地对待别人，努力与周围的环境保持和谐。人生活在社会中，自然要与他人、社会发生这样那样的联系，这就存在一个以什么样的心态和方式去做人做事的问题。一个人能够保持轻松平和的心态，就能不被物欲缠住心灵、不被狭隘遮住视线，妥善处理方方面面的关系，更好地创造财富，实现自己的人生价值。

世界的美好，等着你用欣赏的眼光去发现

生活的艺术在于善于发现它的美，生活中的一点一滴皆是乐趣。著名的雕塑大师罗丹说过："不是生活缺少美，而是我们缺少发现美的眼睛。"欧洲阿尔卑斯山的山脚下竖着一块牌子，上面写着："慢慢走，慢慢欣赏。"这都在告诫人们，要发现身边的美。当代学者林庚先生说："诗的本质就是发现。要像孩子那样，睁大好奇的眼睛去看世界，去发现世界的美。"要想发现生活中的美，特别是平凡生活中的美，就需要一颗诗意的心。如果你总是心情灰暗，那是因为你的眼睛总是盯着灰暗的角落。只要你善于发现，即便是在最黑暗的地方也有惊喜等着你。

杜托伊特有一个夏天是在亚利桑那沙漠中度过的，杜托伊特想自己一定会被烤煳的。不过他并没有被烤煳，但沙漠里的夏天的确难熬。第二年即将进入夏天的时候，杜托伊特一想到地狱般的生活又要来了就头疼。

有一天，杜托伊特在一个加油站给汽车加油，和加油站员工霍尔顿

先生寒暄了一阵后，就聊起了即将来临的可怕的夏天。霍尔顿先生听完杜托伊特的担忧后笑道："哈哈，你不能这样定义夏天，对炎热的恐惧只能使夏天开始得更早，结束得更晚。"

"那我该怎么办呢？"杜托伊特很是苦恼。"像迎接一个喜讯那样对待酷暑的来临，"霍尔顿先生说道，"别整天躲在空调房里，否则会错过夏天带给我们的各种美好的礼物。"

"夏天还有最美好的礼物？"杜托伊特急切地问。霍尔顿先生边找给杜托伊特零钱边问："你从不在清晨五六点起床？我发誓，夏天黎明时分整个天际都挂着漂亮的玫瑰红，就像少女羞红的脸。夜晚，满天繁星让你心旷神怡。一个人只有当他在高温的盛夏跳进水里，才能真正体会到游泳的乐趣！"

霍尔顿先生的话在不知不觉中起着作用。当酷暑来临时，杜托伊特在清晨的凉爽中修剪玫瑰花。下午，他和孩子们舒舒服服地在家里睡觉；晚些时候，和孩子们在院子里玩棒球，做冰激凌吃。杜托伊特还有一个收获，就是他还欣赏到了沙漠日出特有的壮观景象。

杜托伊特一家在几年后搬到了北部的一座城市，那个冬天，杜托伊特带着自己的两个孩子，还有邻居的孩子，去户外滚雪球，打雪仗，坐着雪橇上山滑雪，去湖面滑冰……回来以后，杜托伊特还邀请邻居来自己家中，大人、小孩一起围坐在壁炉旁，津津有味地吃热巧克力。一位邻居望着这个场景感慨道："多年来，雪只是我们铲除的对象，我都不知道它能带给我们这么多欢乐呢！"

时光荏苒，又过了几年，杜托伊特一家重新搬回沙漠。杜托伊特特意开车到加油站，拜访了霍尔顿先生。杜托伊特发现霍尔顿先生已满头银发，并且脸上的皱纹更多了，唯一不变的是他那灿烂的笑容。杜托伊特问他感觉怎么样。

"我一点不担心变老，在这里光欣赏生活的美都欣赏不过来呢！"

霍尔顿先生的精神还是那么饱满，“我们有三棵果实累累的桃树，卧室窗外还有一个蜂鸟窝，想想还没有我指头大的美丽的小鸟，我就高兴得合不拢嘴。”

他为杜托伊特加汽油，继续说：“黄昏时，长耳大野兔奔跑跳跃；月亮升起来时，小狼在山坡上成群出现。我从来没有看到有这么多野生动物在沙漠活动。”杜托伊特听着，笑了。也许，他也学会了这位可爱的老人的生活哲学：尽管生活会给人带来种种烦恼，但重要的是，你要学会发现和欣赏生活的美……

烦恼、抱怨、恐惧、困惑会毁掉你无数个本应感到愉快的日子，不要刻意回避生活，学会欣赏和面对，才能发现生活的另一面。你只要带着一双不再挑剔的眼睛和一颗宁静的心灵，就可以找到生活的美！

生活中有各种美，心灵的美，事物的美，精神的美都等待着我们去发现、去了解、去享受。

上帝交给麦克一个任务，叫他牵一只蜗牛去散步。可是蜗牛爬得实在太慢了。麦克又是催促又是吓唬又是责备，可蜗牛只是用抱歉的目光看着他，仿佛在说：“我已经尽全力了！”

麦克又气又急，对蜗牛又拉又扯又踢，蜗牛受了伤，爬得越发慢了。麦克真想丢下蜗牛不管，但又担心没法向上帝交代。他只好耐着性子，让蜗牛慢慢爬，自己则以一种接近静止的速度跟在后面。

就在这个时候，麦克突然闻到了花香，原来这里是个花园。接着，他听见了鸟叫虫鸣，感到微风拂面的舒适。后来，麦克还看到了美丽的夕阳、灿烂的晚霞以及满天的星斗。

麦克这才体会到上帝的巧妙用心：“他不是叫我牵蜗牛去散步，而是叫蜗牛牵我去散步呀！”

生活中人们的节奏越来越快，在人生的不同阶段，如果我们偶尔能放慢脚步，停下来给自己一点时间，用心去感悟和总结，去发现生活中不一样的美，也许，我们会生活得更清楚、更明白、更坦然、更幸福。

一位德国哲学家说：“在生活中，美，是一种无目的的快乐。欣赏美，是一件简单的事情，只要放下偏见与世俗，你将会感受到一种前所未有的美，因为美，就藏在你的心中。”其实，美就在我们身边。只要用欣赏的眼光去了解生活，感受生活，美随处可见。

控制自己的欲望，不要成为它的奴隶

人为什么常常生气、发脾气呢？难道真是因为生活中有那么多的不开心吗？难道真是因为生活过得不好吗？很多时候并非如此，大多都是因为人的欲望，人总会想着去和别人比较。当人开始和别人比较时，就会觉得挣得不如人家多，住的房子不如人家大，车也不够好，职位也很低……而当有这些差距时，人就会被欲望控制，人内心就会变得不满，就会开始生气。

从前，有条蟒蛇精违犯天条，玉皇大帝命雷公轰击它。蟒蛇精无处藏身，现出原形，化作一条小蛇蜷缩于尘土中。刚好遇到寿州一个穷秀才梅生郊游途中发现了它，救了小蛇一命。

有一天，梅生在大街上闲逛，见众人围观皇榜。原来是皇太后身染重病，御医医治无效，因此榜告天下，有能治好皇太后病症者，可进京做官。梅生暗自叹息，可惜我没有灵丹妙药，不然就一步登天了。刚回到家中，突然狂风大作，一条巨蟒出现在眼前，并对梅生口吐人言："梅相公别怕，你从前救过我的命，今天我要报答你。当今皇太后病重，你从我腹中割下一块心肝，用它就能治好皇太后的病。"

梅生听了蟒蛇精的话，随后，梅生进京果然治好了皇太后的病。皇帝大悦，封梅生为宰相，并放假三月让他回乡祭祖。一路上耀武扬威之余，梅生想，荣华富贵皆过眼烟云，何不再向蟒蛇割一块心肝，以备日后自用，永保长生，于是梅生再次找到蟒蛇。蟒蛇此时已识破梅生乃贪心之辈，但念其曾救过自己的命，只得忍痛让其再割一刀。谁知梅生贪婪过头，竟然想要割下蟒蛇全部心肝。蟒蛇疼痛难忍，就一口吞下了梅生。

这就是"人心不足蛇吞相"的由来。由于相传有误，到了今天，"人心不足蛇吞相"变成了人人皆知的"人心不足蛇吞象"。不过，这样能更直观地表达这句话的意思：人的贪欲过大，就好比蛇想把一头大象吞掉一样。

一个人有欲望，本来是一件好事，因为欲望是人奋斗的动力，成功的源泉。但"世上莫如人欲险"，欲望也可能是负担、累赘、陷阱。当一个人的贪婪过度、欲壑难填，什么都想要，什么都想争的时候，欲望带给他的就不是满足和成就了，而是灾难。

有一个人潦倒得连床也买不起，家徒四壁，只有一张长凳，他每天晚上就在长凳上睡觉。

他向佛祖祈祷："如果我发财了，我绝对不会像现在这样吝啬。"

佛祖看他可怜，就给了他一个装钱的口袋，说："这个袋子里有一个金币，当你把它拿出来以后，里面就又会有一个金币，但是当你想花钱的时候，只有把这个钱袋扔掉才能花。"

那个穷人就不断地往外拿金币，整整一晚上没有合眼，他家地上到处都是金币。这一辈子就是什么也不做，这些钱也足够他花了。每次当他决心扔掉那个钱袋的时候，他都舍不得。于是他就不吃不喝地一直往外拿着金币，屋子里装满了金币。

可是他还是对自己说："我不能把袋子扔了，钱还在源源不断地出来，还是让钱更多一些的时候再把袋子扔掉吧！"

到最后，他虚弱得没有把钱从口袋里拿出来的力气了，但是他还是不肯把袋子扔了，他终于死在了钱袋的旁边，屋子里装的都是金币。

正所谓：欲而不知止，失其所以欲；有而不知足，失其所以有。如果人的欲望没有限度，最后什么欲望都不会满足；如果有了还不知满足，最终就会失去原有的一切。

在物欲方面，凡是过分地追求和占有，都是贪欲，这不仅造成了心理负担，也为自己带来了痛苦。贪婪的人无论得到多少，都无法满足，他们的欲望没有底线，一生都活在追逐之中。贪婪的人被无边无际的欲望所牵引，他们是欲望的奴隶，在贪欲的驱使下忙忙碌碌、斤斤计较，拥有再多也不能让他们快乐起来，因为他们总是还有想要而尚未得到的东西，毕竟谁也无法占有全世界。

很多时候，人因为贪婪常常会犯傻，什么蠢事都能干出来。所以我们一定要有自己的主见和辨别是非的能力，要适可而止，控制自己的欲望。

镜湖山是一个著名的旅游区，它之所以远近闻名，不是因为风景，而是因为游戏。游客在饱览山顶风光后，可以乘坐索道奔向一个峪口。但是在购票前，游客可以玩个游戏，大家有两种选择：一是直接乘索道前行，票价10元；二是先入另一个通道，然后再乘索道，在这个通道里会有一些闯关的游戏，游客需要参加一种翻番奖励游戏，连过七关，奖励结果各关不同，全凭自己把握，票价15元。大部分游客都选择了后者，既然到了山顶，还差这5元钱？赌一次！

游客被带进一个封闭通道内，通道每次只能过一人，等前面的人先过去了后面的人才能继续接上。进入第一关时，游客会看见电子屏幕上的提示：现在，您已经获得了5元钱的奖励，如感到满足，您可以结束游戏，从侧边出去领取奖金。如果想要继续，请往前走。游客心里想，不能白玩，继续。于是就进了第二关。第二关屏幕上提示：现在，您已经获得了10元钱的奖励，如感到满意，您可以结束游戏，从侧边出去领取奖金。游客想，接下来更刺激，再走。第三关，奖金成了20元。游客想，下一个定是40元了，继续下去会比较好……到了第六关，屏幕上写着：现在，您已经获得了320元钱的奖励，如感到满足，你可以结束游戏，从侧边出去领取奖金。大部分的游客想，我不过花费15元钱，损失了也没事，就快通关了，坚持就是胜利，下一关应当是640元了！

然而，当游客进入最后一关时，只见那里负责剪票的工作人员，手中拿的是一个印有“欢迎下次光临”的牌子。这时想要退回去是不可能的，所以游客只好怀着一丝遗憾离去。最后从通道出来的是一位老者，只有他获得了奖金，因为他在第三关的时候领取了共20元的奖金，也就是说，他将免费乘索道，且旅游区还要倒贴给他5元。其他游客笑问老者怎么没有再往前选取再高一点的奖金呢，哪怕是在第四关、第五关或者第六关，钱都会多一些。老者摇摇头说：“当我到了第三关的时候，我就发现，这第三关的奖金已经让我赚了5元，这就够了。贪念是人间最可怕的东西，只有舍弃这个可怕的贪念，才能获得最后的胜利。”

无疑，故事中的老者是位智者，他能控制住自己的欲望。人有七情六欲，谁能没有欲望？关键在于如何把握。欲望一半是天使，另一半却是恶魔，做人的学问其实就是如何驾驭欲望这匹烈马。

其实，我们每个人都要控制欲望，而不能让欲望控制自己，要始终把欲望控制在一个合理的范围内。一位哲人说过：“生命是一团欲望，欲望不满足便痛苦，满足便无聊。”人可以适度满足欲望，但不能过度，要懂得回归，反观自照。所以，只有合理地控制自己的欲望，才会更幸福。

活在当下的人，才是最幸福的

佛家经常用来劝导人们的一句智语是“活在当下”。什么叫“当下”呢？简单地说，“当下”就是指你现在正在做的事、生活的地理环境和人文环境。“活在当下”，就是要求人们把生活中所关注的焦点，集中在现在所处的人、事、物上面，全心全意地去接纳它们，认认真真地去品尝它们，客观大度地去体验它们。

听过这样一个故事：

在一座荒废了很久的城池里，有一座“双面神”石雕像。一天，一位哲学家路过这里，他没有见过“双面神”，所以就奇怪地问：“你为什么会有两副面孔呢？”

双面神回答说：“有了两副面孔，我才能一面追忆过去，吸取曾经的教训；另一面又可以瞻望未来，憧憬美好的明天啊。”

哲学家说：“过去的已经逝去，你无法留住，而未来又还没有发生，你也无法得到。只有现在，才是你能把握住的。但为什么你却不把现在放在眼里，即使你能对过去了如指掌，对未来洞察先知，又有什么意义呢？”

听了哲学家的话，双面神不由地痛哭起来，他说：“先生啊，听了你的话，我才明白，为什么我会落得今天的下场。”

哲学家问：“为什么？”

双面神说：“很久以前，我驻守这座城时，自诩能够一面察看过去，一面又能瞻望未来，却唯独没有好好地把握住现在，结果，这座城池被敌人攻陷了，城池的辉煌都成了过眼云烟，我也被人们唾弃而弃于废墟中了。”

这个故事道出了人生幸福的真谛：活在当下。

人们不快乐的原因，不仅仅因为身上的压力，还源于对过去的追悔和对未来的担忧。这好比一肩挑起了三副担子，如何能不活的累？把过去、未来这两副担子抛开，就会倍感轻松。

我们的人生只有三天：昨天、今天和明天。昨天是一张已经过期的支票，明天是一张还不能兑现的期票，只有今天，才是我们真正唯一可以使用的现钞。所以，我们一定要开心过好每一个今天，每一个今天都幸福了，那就是我们整个人生的幸福。

幸福对于每个人来说，是一种最值得期待的人生目标。幸福其实也很简单，它就是珍惜每一天，把每一天、每个瞬间都当作永恒来看待。既不抱怨过去，也不憧憬未来，只是做好自己，享受当下的充实，心灵的安宁。

有一位农民，他常年住在漆黑的窑洞里，终日以玉米、土豆为食，他的家里没有现代化家电，没有先进的数码设备，一个盛面的罐子就是家里最值钱的东西。在别人的眼中，他是贫困的、可怜的，甚至觉得那样的日子是无法忍受的。可他自己却乐在其中。

他整天无忧无虑，朝阳升起他唱着清脆的山歌去干活，夕阳落下他又唱着嘹亮的山歌走回家。别人都好奇他整天乐什么，这样艰苦的生活，他为什么不生气。他说："我渴了有水喝，饿了有饭吃，夏天住在窑洞里不用电扇，冬天热乎乎的炕头胜过暖气，日子过得美极了！"

珍惜当下所拥有的一切，不为自己没有能力得到的东西而忧愁，就不会生气，就能感受到幸福。

其实，我们绝大多数人所拥有的东西，远远超过了故事中的农民，可惜我们总是忽略了自己手边最朴实的东西。也许，你的收入并不高，但粗茶淡饭总能满足你辘辘的肠胃，并且杜绝了那些富贵病对你的侵扰。也许，你的配偶并不是人群中最耀眼的那一个，但他能与你相亲相爱，白头偕老。也许，你的孩子没有考上名牌大学，或者并没有获得进入高等学府的资格，但他知道孝敬父母，懂得自食其力，自力更生……人生，该拥有的东西还有很多很多。你只为了自己没有的东西而生气懊恼，却看不见已经握在手中的幸福，是一件遗憾而可悲的事情。

资深新闻工作者王梅在《快乐做自己》一书中，曾经这样提醒人们：每天都活在当下。书中这样写道："假使，你的生命只剩下一天，明天就要结束，你今天想做什么？狠狠大吃一顿，彻夜不睡与爱人厮守，还是一个人躲起来大哭一场？当生命走向尽头的时候，你问自己一个问题：你对这一生觉得了无遗憾吗？你认为想做的你都做了吗？你有没有好好笑过、真正快乐过？想想看，你这一生是怎么过的：年轻的时候，你拼了命想挤进一流的大学，随后，你巴不得赶快毕业找一份好工作，接着，你迫不及待地结婚、生小孩，然后又整天盼望小孩快点长大，减轻你的负担，后来，小孩长大了，你又恨不得赶快退休，最后，你真的退休了，不过你也老得几乎连路都走不动了……你突然发现，你还没有停下来好好喘口气，可是，怎么生命就这样要结束了？"

其实，这不就是大多数人的写照吗？他们劳碌了一生，时时刻刻在为生命担忧，为未来做准备，一心一意计划着以后发生的事，却忘了把眼光放在“现在”，等到时间一分一秒地溜走了，才恍然大悟“时不我予”。

实际上，过去的不论多么值得留恋或是多么需要悔恨，那也只是一种心理反应，“过去”已经过去了，已经不再存在了；而“未来”则因为其尚未到来，也是不存在的，也没有必要去一遍又一遍地忧虑。再说，未来是现在的延伸和发展，关注于现在，把握好现在，也就是关注并把握了未来。

所以，我们要活在当下，活在当下并非不去回忆往昔，预想未来，而是专注于这一过程！只有臣服于当下，抓住此时此刻，才能拥有真正的自我，找到平和与宁静的秘诀。因此，我们必须珍惜生命中的分分秒秒，珍惜每一个“现在”。从“现在”起，尽自己的所能，在生命余下的旅途中留下自己能够留下的东西，只要能够这样想、这样做，即使到了垂暮之年，生命也能迸出火花。

远离名利的诱惑，你会更自由

“人人都说神仙好，惟有功名忘不了”，这是《红楼梦》里的开篇偈语，好像在诉说繁华锦绣里的一段公案，又像是在告诫人们名利世界中的冷冷暖暖，人生是什么暂且不论，名利虽乃身外之物却最能累人。凡是把名利看得很重的人，必将被名缰利锁所困扰。

生活中总是存在各种各样的诱惑，每个人都想满足自己的欲望，而欲望基本上都得不到满足，所以人们身上的担子就会越来越重，心情就会越来越沉重，自然就会容易生气。所以要想做到不生气，最首要的就是放下，在名利的诱惑面前，保持一颗平常心。在诱惑面前淡泊，就会少一些外物的束缚，就会活得潇洒自然。

淡泊名利，是一种佳境；而追逐名利，是一种歧途。淡泊名利，可能平凡，但还不至于平庸；追逐名利，可能会风光，但心灵就不会自由，这样做人生还有什么意思呢？名利无非是身外之物，面对名利，我们要做到：得之泰然，不惊不喜；失之淡然，不悲不怒。为了名利而累心累身的确不值得。

熟悉美国历史的人或许对乔治·华盛顿这个名字并不陌生。他是一个被无数人景仰，并赫然载入史册的伟人。华盛顿在孩提时就以其正直诚实、办事公道等特点而有别于其他孩子。这在很大程度上是受其修养极好的父亲影响。他渴望着自己有朝一日能成为威风凛凛、驰骋疆场的勇敢军人以报效国家和人民。

1748年，华盛顿19岁，由于英法两国为了争夺在北美的领地和利益而发生冲突，这为一心想当军人的华盛顿提供了很好的机会。在数年的战争中，华盛顿有忍耐力、有魄力，处世谨慎，又富有进取精神。几乎在每次战斗中，他都骑着自己的白马首当其冲，这也为他赢得了身边人的崇拜和信任。

美国独立战争胜利后，社会急需一位能够支撑大局的人物来主持政府工作。在众人眼中，华盛顿就是当仁不让的最佳人选。当时甚至有军官上书要求他做领袖。华盛顿对名利并不动心，他想得到的是广大人民的尊敬，他从不将自己视为一个荣誉重于生命的人。因此，在大陆会议索要独立自主的权力时，华盛顿多次重申，战争结束他就化剑为犁、解甲归田。他不愿使美国在经历了殖民统治之后，又因皇冠之斗而陷入内战之中。

1783年3月下旬，和平如期而至，英美签署和平协议。历时8年的北美独立战争在4月19日宣告结束。当时51岁的华盛顿辞去军职，告别部队。当然，在面对昔日出生入死的战友时，他难免热泪盈眶、激动不已，在整个送别会上，他一句话也没有说。在费城，华盛顿与财政部的审计人员一起核查战争中自己的开支情况。他的账目清楚而准确，还有部分支出是来自于华盛顿自己的补贴。

辞职后的华盛顿回到了自己的农场、自己的家中，过上了平静的生活。

“非淡泊无以明志，非宁静无以致远”，这句话虽寥寥数字，却道出了人生的许多真谛。真正淡泊之人，心胸宽广，心态平和，视名利如粪土，堂堂正正做人，踏踏实实做事。的确，名利不过是人生的一种常态，我们应该调整自己的心态，以平常心对待，淡泊名利。

淡泊是一种处世的态度，是一种人生的情怀，是一种生命的境界。懂得淡泊，并能做到淡泊的人是快乐的、幸福的。

淡泊，并非是不思进取的颓丧，也不是漫无目标的茫然，也绝不是心如死灰般的冷酷苍白，更不是造作虚伪貌似平静的脆弱，它代表着一种深厚博大，一种高贵理智。放下了对名利的追逐，也就放下了心上的负累，轻身走过去，再窄的路都会好走。

李白曾在《将进酒》中说：“古来圣贤皆寂寞，唯有饮者留其名。”圣贤之所以会寂寞，因为他们志存高远而淡泊名利。古往今来，众多的学问家都是淡泊名利的人。他们对个人的名利常常采取漠然冷淡和不屑一顾的态度，他们把主要精力都放在了对理想、事业的追求上。

“我是一名普通教师，教学平平，工作一般，不够推荐院士条件，我要求把申报材料退回来。”1999年，马祖光得知学校把为自己申报院士的材料寄出后，就十万火急地给中科院发出这样一封信。他的理由是很多比他优秀的学者还没有成为院士。了解他的人都知道他的话发自肺腑。

2001年，新的院士评审规则要求申报材料必须由申请者本人签字，马祖光却拒绝签字。申报期限最后一天，原校党委书记李生只好以校党委名义到他家做工作。

“我年纪大了，评院士已经没有什么意义了，应该让年轻的同志评。我一生只求无愧于党就行了。”马祖光还是不同意签字。

“你评院士不是你个人的事，这关系到学校，是校党委做出的决定。你是一名党员，应该服从校党委安排。”李生接着他的话题聊起了学校的党建工作，这激起了马祖光对入党以来的美好回忆：“我这一辈子都服从党组织的安排……”李生赶紧接过话头：“那你再听党一次吧！”

“迂回战术”奏效了。马祖光勉强签了字，半天不吭气。申报后，马祖光当选为中科院院士，他说：“能当选，第一离不开党的教育和培养，第二是依靠优秀的集体，第三是国内同行的厚爱。”

这里有一个小插曲。中科院审阅马祖光的院士推荐材料时，产生了疑问：作为光学领域知名专家，马祖光的贡献有目共睹，可许多论文中他的署名却在最后，为什么？

哈工大光电子技术研究所博士生导师胡孝勇说：“他为别人做了大量准备工作，花了大量心血。他依据每个人的特点，把争取来的很多课题分出去，让别人当课题组长。马老师没有半点私心。”

哈工大光电子技术研究所博士生导师王月珠说：“马老师从德国回来后，把自己在国外做的许多实验数据交给我测试。测试后完成的论文他改了三四遍，我便把他的名字署在前面，他一口回绝，最后他的名字还是排在最后。”

几乎每一篇论文的署名都有这么一个过程：别人把马祖光排在第一位，他立即把自己的名字勾到最后，改过来勾过去，总要反复好几次。

2001年马祖光评上院士后，学院给他配了一间办公室，并要装修。马祖光急了："要是装修，我就不进这个办公室了。"最后不但没进去，他还把办公室改成了实验室。马祖光和六名同事们挤在一个办公室里，大伙说太挤，他却说："挤点好，热闹！"

克己奉公，淡泊名利。正如马祖光所说："事业重要，我的名不算什么！"

人贵有淡泊之心。有了淡泊之心，我们才能在成功面前不骄傲自满，在失败面前不灰心丧气，始终保持一种平和稳定、乐观豁达的人生态度；有了淡泊心，我们才能用一种超然的心态，对待眼前的一切，不做世间功利的奴隶，也不为凡尘中各种牵累所左右，使自己的人生不断升华；有了淡泊心，我们才能在当今社会愈演愈烈的物欲和令人眼花缭乱的世象百态面前神疑气静，坚守自己的精神家园，执着追求自己的人生目标。

人生在世，对于名利一般人都是难以免俗的。今天的社会是五彩斑斓的大千世界，充溢着各种各样炫人耳目的名利诱惑，要做到淡泊名利确实是一件不容易的事情。邹韬奋曾说过："一个人光溜溜地到这个世界上来，最后光溜溜地离开这个世界，彻底想起来，名利是身外之物，只有尽一个人的心力，使社会上的人多得他工作的裨益，才是人生最愉快的事。"

所以说，一个人不为名利所累，就是一个脱离了低级趣味的人，一个有道德、有智慧、有勇气的人。这样的人总能怀着对美好生活的向往，以理智和从容的态度对待名和利，固守着人的尊严和人格。

把快乐装进心里

有这样一个小故事：

从前，一群年轻人到处寻找快乐，却因为在路途中屡遭不快与痛苦而准备放弃。正当他们一个个垂头丧气，心灰意懒，觉得这个世界并没有真正的快乐，无功而返的时候，看到了一个垂钓江边的渔翁。于是，其中一位年轻人看着这位悠闲而怡然自得的长者便问："老伯伯，您快乐吗？"老翁回答："远离喧嚣，垂钓碧江，我很快乐，我正在享受着我的人生！"几位年轻人听后，脸上疑云遍布。

老人看出了他们的疑惑，便说道："你们去拜访苏格拉底吧，他能给出你们答案。"年轻人点点头。

几天后，他们找到了苏格拉底，问道："我们一路上遇到了很多痛苦，但我们是为寻找快乐而来的。快乐到底在哪里？"苏格拉底说："你们先帮我造一条船。"

年轻人虽然不清楚这样做的目的，但还是答应了。他们商量好，锯倒了一棵大树，挖空树心，用造船的工具，花了七七四十九天，造出了一条独木船。虽然很累，但大家为自己的成果还是感到异常兴奋，并庆祝了一番，全然忘了寻找快乐的事。

第二天，他们请来了苏格拉底，苏格拉底也满意地点点头。于是大家将船推下水，并合力荡桨，唱起歌来。苏格拉底问道："孩子们，你们快乐吗？”年轻人异口同声地回答：“快乐极了！”“这不就是你们要的答案吗？”苏格拉底问道。

这群年轻人恍然大悟，苏格拉底接着说道：“其实快乐就在我们每个人的身边，不必刻意寻找。有目标，融入生活，并做好每一件事，就会与快乐不期而遇。”此时，他们再回想起垂钓老翁的话，真是有异曲同工之妙。

快乐是不需要刻意去寻找的，它往往就在我们身边，只是我们常常忽视了它的存在，却总是喜欢将目光茫然地投向更远处，总想在欣赏远处风景中寻找渺茫的快乐。

一位疲惫的诗人去旅行，出发没多久，他就听到路边传来一个男人悠扬的歌声。

他的歌声实在太快乐了，像秋日的晴空一样明朗，如夏日的泉水一样甘甜，任何人听到这样的歌声，都会马上被感染，让快乐把自己紧紧地包裹起来。

诗人驻足聆听。

歌声停了下来，一个男人走了出来，他的微笑声甚至比他本人出来得还要早。

诗人从来没有见过一个人笑得这样灿烂，只有一个从来没有经历过任何艰难困苦的人，才能笑得这样灿烂，这样纯洁。

诗人上前问道：“你好，先生，从你的笑容就可以看出，你是一个与生俱来的乐天派，你的生命一尘不染，既没有尝过风霜的侵袭，更没有受过失败的打击，烦恼和忧愁也不曾叩过你的家门……”

男人摇摇头：“不，你错了，其实就在今天早晨，我还丢了一匹马呢，那是我唯一的一匹马。”

“最心爱的马都丢了，你还能唱得出来？”

“我当然要唱了，我已经失去了一匹好马，如果再失去一份好心情，我岂不是要蒙受双重的损失吗？”

快乐是一种习惯，是一种发自内心的情感，是一种清澈而美妙的内心感受。庄子认为：生命本应是乐天而无欲的，真正的快乐是生命本性的自然流露，来源于自己精神的内部，而不被外物所影响。

快乐无所不在，关键要有一个快乐的心情。快乐总是垂青那些乐天派。

一位富翁，英年早逝。临终前，见窗外的市民广场上有一群孩子在捉蜻蜓，就对他四个未成年的儿子说：“你们到那儿给我捉几只蜻蜓来吧，我许多年没见过蜻蜓了。”

不一会儿，大儿子就带了一只蜻蜓回来。富商问：“怎么这么快就捉了一只？”大儿子说：“我用你送给我的遥控赛车换的。”富商点点头。又过了一会儿，二儿子也回来了，他带来两只蜻蜓。富商问：“你这么快就捉了两只蜻蜓？”二儿子说：“不，我把你送给我的遥控赛车租给了一位小朋友，他给我3分钱，这两只是我用两分钱向另一位有蜻蜓的小朋友租来的。爸，你看这是那多出来的一分钱。”富商微笑着点点头。

不久，老三也回来了，他带来十只蜻蜓。富商问：“你怎么捉这么多蜻蜓？”三儿子说：“我把你送给我的遥控赛车在广场上举起来，问，谁愿玩赛车，愿玩的只需交一只蜻蜓就可以了。爸，要不是怕您急，我至少可以收十八只蜻蜓。”富商拍了拍三儿子的头。

最后回来的是老四。他满头大汗，两手空空，衣服上沾满尘土。富商问：“孩子，你怎么搞的？”四儿子说：“我捉了半天，也没捉到一只，就在地上玩赛车，要不是见哥哥们都回来了，说不定我的赛车能撞上一只落在地上的蜻蜓。”富商笑了，笑得满脸是泪，他摸着四儿子挂满汗珠的脸蛋，把他搂在了怀里。

第二天，富商死了，他的孩子在床头发现一张小纸条，上面写着：孩子们，我并不需要蜻蜓，我需要的是你们捉蜻蜓的乐趣。

体验生活，感受过程，就会享受到快乐。快乐与否取决于我们自己的心态，人应该学会享受现在所拥有的一切，拥有本身就是快乐。只要你愿意享受快乐，快乐就会黏上你。

心理学博士凯伦·撒尔玛索恩女士说：“我们的生活有太多不确定的因素，你随时可能会被突如其来的变化扰乱心情。与其随波逐流，不如有意识地培养一些让你快乐的习惯，随时帮助自己调整心情。”快乐并非取决于你是什么人，或你拥有什么，它完全来自于你的思想，你心中注满希望、自信、成功，你就会快乐。假如你下决心使自己快乐，你就能够使自己快乐。快乐无须理由，它本身就是理由。所以，生活中别忘了时时享受快乐，拥有了快乐就拥有了幸福。

人生易老常知足，高兴欢乐永不愁

已故的弘一法师曾留下一副对联：“事能知足心常惬，人到无求品自高。”人的贪欲是难以填平的。因为贪欲太盛，所以，大多数人都不快乐。

事实上，知足是快乐的源泉。如果计较太多，反而会失去本该拥有的一切。所以我们不妨学会知足常乐。

有一个天使，送信的时候在人间睡着了。醒来后，她发现翅膀被偷走了。没有翅膀的天使，能力比普通人还要小。她又冷又饿，来到一个牧羊人家门口。

天使对牧羊人讲述了自己的遭遇，牧羊人很同情天使，就让天使吃饱了饭，还给她穿上暖和的衣服。

牧羊人说："你即使不是天使，我也会给你一顿饭吃。不过，你如果还想吃下顿饭，就得自己出力了。"

天使开始跟着牧羊人学放羊。

天使每天收集梳理一些落下的羊毛，日积月累，她为自己织了一对羊毛的翅膀，在牧羊人目瞪口呆的注视下飞走了。

过了几天，天使前来答谢牧羊人，问他要什么。

牧羊人说："给我增加100只羊吧。"

羊群增加了100只羊，牧羊人比过去更累了。他找到天使，请她把羊收回去，为自己盖一所大房子。牧羊人在大房子里住着，发现到处是灰尘，打扫不过来，于是，他用房子换了一匹马。牧羊人骑在马背上，但不知要到什么地方去，就把马还给了天使。

天使问："你还要什么？"

牧羊人回答："什么也不要了。"

天使说："人们都有很多理想，你难道没有吗？"

牧羊人回答："愿望实现之后，我才知道，我不需要这些东西，它成了我的累赘。"

天使说："那么，我送你一样无价之宝吧，就是心态。你想拥有什么样的心态？"

牧羊人说："我已经有了这样的心态，那就是知足。"

知足者常乐。所谓知足，是种平和的境界。所谓常乐，是一种豁达的人生态度，是说这个人懂得取舍，也懂得放弃，更懂得适可而止，而不是说这个人安于现状，没有追求、没有目标。

每个人都希望得到快乐，但是快乐并不是每个人都能感受到的，有的人常常感到没有快乐或者很少有快乐。其实，只要我们长存知足之心，用乐观积极的态度对待现实，以平常心对待人生，就会感到快乐就在身边。

生活中，我们的家庭、生活可能并不是很称心如意，我们的工作、事业可能不是一帆风顺，但是我们可以从不利中寻找到有利：家庭中，自己的孩子学习成绩不理想，要想到他还有一个健康的身体，还有健全的人格，他没有整天泡网吧不回家；自己没有大房子，没有汽车，要想起码自己还有家，还能吃饱饭；事业上，可能有人刚刚小有成就，正准备进行投资大干一场时，就遇上了全球经济危机，要想到经济危机不仅是一人受影响，何况已经小有成就，也许调整投资意向，就会有意想不到的收获。

周大新先生的短篇小说《无疾而终》讲述了一个平常而简单的故事，然而这个故事却表达了作者对生活的深刻理解。故事的主人公是瞎爷。瞎爷并不是全瞎，瞎爷的右眼还凛凛睁着，放出箭一样的光。我想，那瞎的一只眼便是人要装糊涂的象征，而左眼即是对生活底蕴的洞察吧。瞎爷的生活态度，简单地说就是知足常乐。这"无疾而终"便是对知足常乐的最好报答。

瞎爷九岁那年，他的左眼瞎了。一场高烧之后，瞎爷忽然向他爹娘说："我的左眼看不见东西了！"两位老人听了很吃惊，赶紧过来用手在他左眼前晃动，那只左眼果然像坏了的钟摆一样，一动不动。两位老人一下子就哭了，一个独养的儿子，瞎了只眼可怎么办啊！没想到正当爹娘哭得伤心时，他慢腾腾开了腔，说：“爹娘，哭啥？应该笑才对！这场病只弄坏了我一只眼，总比两只眼都弄坏了要好吧。我比世上那些双眼全瞎的人不是要强多了吗。”听了这番话，两位老人先是一惊，但后来仔细想想也在理，于是止住了眼泪。

家庭条件不好，爹娘没钱供他读书，只好让他去私塾里旁听。爹娘非常伤心，瞎爷劝说：“我现在已经认识了一些字，总比那些一天书没念、一个字不识的孩子强吧？”

后来，瞎爷娶了个豁嘴的媳妇。爹娘觉得对不住儿子，瞎爷劝爹娘说：“能娶到这样一个媳妇就不错了，和那些没有媳妇的光棍汉比，咱还不是好到了天上？好歹咱还能有个后代，那些光棍汉死了连个扛扬魂幡的后人也没有。”

瞎爷的媳妇勤快，但不温柔，常常把婆婆气得心口作痛。瞎爷劝说：“娘，你这个儿媳妇是有些不大称你的心，可你想想，天底下比她还差的媳妇多的是。你的儿媳妇不是还挺勤快的吗？”

瞎爷只有闺女，媳妇觉得对不起他，瞎爷劝她说：“这有啥好愧疚的？我觉得你还是个挺有能耐的女人哩！世上有好多结了婚的女人，压根儿就不会生孩子，甭说五个女儿，她们连一个女儿也生不出来。咱们有这五个女儿，她们长大了就会有五个女婿，等咱们以后老了，逢年过节时，五个女儿五个女婿一齐提了酒拎了肉回来，多热闹！”

由于家里太穷，妻子实在熬不下去，于是经常抱怨。瞎爷说：“你只跟那些住三进大院，家有万贯顿顿喝酒吃肉的人家比，你越比就越觉得咱这日子没法过，可你只要看看那些拖儿带女四处讨饭的人家，白天饥一顿饱一顿，夜里就睡在别人的房檐底下，弄不好还会遭狗咬上一口，你就会觉着咱这日子还真是不孬。咱虽没馍吃，可总还有稀饭喝；咱虽买不起新衣服，可总还有旧衣裳穿；咱这房子虽然漏雨，可总还可遮风。和讨饭的人们比比，咱这日子还算在天堂里……”

瞎爷逐渐老了，他想在生前把棺材做好，死后可以安安心心地走。可做的棺材属于最薄最不气派的一种。豁嘴奶愧疚得很，瞎爷劝道：“这棺材比起富豪大家们的上等柏木棺是差些，可比起那些穷得根本买不起棺材，尸体用草席卷的人，不是要好得很吗？”

最后，瞎爷活到了72岁，无疾而终。临死前，瞎爷对嘤嘤哭泣的老伴说：“哭啥？我已经活了72年了，比起那些活80岁或90岁的人，我不算高寿，可比起那些活40岁或50岁就死的人，我不是好多了吗？”

瞎爷去世时面孔安详，嘴角还带着微笑……

瞎爷有一种乐天知足的人生观，他永远不和那些境况比自己强的人比，只和那些境况不如自己的人比较，并以此排解烦恼，找到快乐的人生哲学，多么值得我们学习啊！

如果我们想活得快乐些，就应该学会知足，知足者才能常乐。困境中知道寻求比上不足比下有余的平衡，从而满足于自己的现状，珍惜自己所拥有的，远离欲望的烦恼，品味人生的快乐，进而才能保持精神愉快，情绪安定，乐而忘忧。

人生贵在知足，知足者常乐。人的一生可追求的东西很多，但真正可以拥有的却少之又少。那么，我们就该清楚：知足多一点儿，幸福就多一点儿。

保持内心平衡，给心灵一片净土

世间本来不公平，无法强求完美，所以每个人的内心世界或多或少地有些不平衡是正常的。比如，你认识的人中，某人赚了钱，某人升了职，某人买了车，某人买了别墅……而你自己本来比他们强，可却不如他们风光体面。这样对比就产生了心理不平衡。倘若在追求新的平衡中，你能不昧良知、不损害别人，自觉接受道德的约束和限制，通过正当的努力、奋斗去实现人生的自我价值，达到一种新的平衡，倒也是值得称道的；倘若在追求新的平衡中，不择手段，毫无廉耻，丧失道义，膨胀自私贪欲之心，让身心处于一种失控的状态中，那么就必然会产生一些意想不到的可怕后果。由此，你的人生必将陷入难以回旋的逆境之中。

情绪变化无常本身就是一种心理不健康的表现，这样的人只顾眼前利益，不重未来发展。人的一生，难免有低潮之时，有不尽如人意的阶段，甚至身陷环境恶劣的氛围中。此刻，你稍不留意，心神稍不稳住，便会沉沦下去，与周围的恶劣环境、卑鄙之人同流合污，那就等于是害了你的一生。

袁华原先是个表现不错、工作能力很强也很有实力的领导，因成绩突出不断受到提拔。但在最近这几年，当他知悉过去的同事、同学通过各种途径生活条件都比他好时，心里总不是滋味，想想自己能力至少不比他们差，职位也比他们高，可钱却比他们少。而且自己作为一局之长，担子比他们重，责任比他们大，工作也比他们辛苦，经济上却不如他们，袁华深感不平衡，由此也就有了一定要超过他们的想法。于是在他任职期间，他大肆收受贿赂。这样，他思想上警惕的闸门在不平衡心理的驱动之下终于倾斜了，欲望的洪水顿时倾泻而下，一发不可收拾，最终成为阶下囚。

可见，心里不平衡使得一部分人心理自始至终处于一种极度不安的焦躁、矛盾、激愤之中，使他们牢骚满腹，不思进取，工作中得过且过，心思不专，更有甚者会铤而走险，玩火烧身，走上危险的钢丝绳。因此，我们必须要走出不平衡的心理误区。否则，就会在逆境中越陷越深。因此，在困难的处境中，你一定要心有所主，精神上要保持住一块“圣洁之地”，时时警诫自己，在此基础上聚积能量，努力摆脱困境，最终过上幸福生活。

我们要保持心灵的平衡，使自己的情绪不轻易受外界事物的干扰，专注于自己的事情，不因一时得失而前功尽弃。

美国一个叫露西尔·布莱克的人心里就曾经充满着痛苦和不甘。露西尔那时在大学学风琴，又在镇上一家语言障碍诊所工作，还在绿柳农场里帮忙，并经常在那里聚会、跳舞，在星光下骑马。可是，有天早上她因心脏病而倒下了。“你得躺在床上一年，要绝对地静养。”医生对她说，但医生并没有保证说她还会像以前一样健康。在床上躺一年，这对露西尔意味着她将要成为一个无用的人——或许还会死掉！因此，一时间她感到毛骨悚然，又悲痛又感到愤恨不平，但她还是照着医生的嘱咐躺在床上。这时，她的邻居鲁道夫先生告诉她：“你以为在床上躺一年是不幸？其实不然。现在，你有了时间去思考，去认识自己，心灵上的成长将大大快于以往。”露西尔听从了鲁道夫先生的教导，平静了下来，读些励志书籍，试着找出新的价值观。一天，她听到收音机里传来评论员的声音：“唯有心中想什么，才能做什么。”这种话露西尔以前不知听过多少次，这次却是第一次深深印在心坎里，她改变了主意，开始只想些自己需要的东西：欢乐、幸福、健康。露西尔每天一起床就为拥有的一切感恩：没有痛苦、可爱的女儿、良好的视力、收音机里优美的音乐、有阅读的时间、丰富的食物、有众多好朋友等。过了一段时间，当医师准许露西尔在特定时间内接待亲友时，她是多么得高兴！好几年过去了，露西尔的日子过得充实而有活力，露西尔认为这一切都得感谢躺在床上的那一年。那是她最有价值、最快乐的一年，因为她养成了每天清晨感恩的习惯。

成功者的经验表明，人生的结局是好是坏，往往就在于能不能在困境中再坚持一下。只要在心灵中还有一块“净土”，精神上还有崇高的追求，一个人总是还有希望的。

万事随缘，一切顺其自然

想要不生气，就应当顺其自然，对人、对事不要太强求、太执着。如果丢掉平常心，挖空心思去追逐、千方百计去攀求，就会产生反常心、异常心，做起事情来就会感觉很别扭，即使成功也毫无快乐的感觉。

有这样一个故事：

一个被认为十分伟大的人，他一生都在追求心目中理想的幸福。一生的追求使他得到了金钱、地位、名誉这些他曾经认为可以为他带来幸福的东西。可他并不幸福。因为他追逐名利、地位与金钱的脚步一生也没有停下过。终于，有一天他倒了下去。弥留之际，他终于感悟到：幸福，其实就是顺其自然。

顺其自然，并不是不追求、不奋斗。追求与奋斗应该在一定范围内，必须遵循一定规律。成功了，不必窃喜；失败了，也别沮丧。有了这样的心态，就少了几分烦恼，多了几分幸福。

老子说："人法地，地法天，天法道，道法自然。"人的一切活动都在自然规定的范围之内，但是自然的法则、自然的规定是不可违背的。顺应了自然才可能有幸福，违逆了自然注定不会幸福。

在一个有着独立的庭院的房子里，有一对父子站在院子里聊天，儿子对父亲说："爸爸，你看前面那块草地有一片已经枯萎了，好难看，咱们快点去买点草籽种上吧。"

爸爸十分淡定地说："不着急，什么时候有空了，我顺路去买一些草籽，什么时候都能种上，小草什么时候也都能长出来，不急。"

就这样一直到中秋的时候，父亲才把草籽买回来，交给儿子说："去吧，把这些草籽种上吧。"这时候，已经开始有北风了，儿子一边撒，草籽一边飘。

儿子着急地对父亲说："爸爸，好多草籽都被风吹走了！"

"没关系，被吹走的都是一些空壳，剩下的都是一些饱满的种子。"

到了傍晚的时候，院子里飞来了很多麻雀，把地上的草籽吃了个遍，儿子连忙到那片草地上边赶麻雀边叫父亲："爸爸，麻雀把草籽吃光了！"

但是爸爸说："这么多草籽，麻雀也是吃不完的，总会有剩下的。"

到了夜里，来了一场秋雨，听着外面的雨声，儿子忧心忡忡地说："这些草籽都被雨水冲走了。这可怎么办呀？"

爸爸不慌不忙地说："草籽被冲到哪里就会在哪里生根，一切顺其自然吧！"

到了春天，万物复苏。去年那片光秃秃的草地上竟然长出了许多嫩嫩的小草，儿子高兴地对父亲说："爸爸，我去年种的草，竟然长出来了！"

父亲这个时候对儿子说："一切随缘，顺其自然，任何事情都不要着急。"

听了父亲的话，儿子明白了父亲之前所说的那些话。

这位父亲是一位懂得人生大道理的人。能做到对一切淡然处之，顺其自然，不勉强，不刻意追求，有时候，反而会有另一番收获。

生命中的许多东西是不可以强求的，某些刻意强求的东西或许我们终生都得不到，而我们不曾期待的灿烂往往会在我们的淡泊从容中不期而至。我们常想悟出真理，却反而为了这种执着而迷惑、困扰。只要恢复直率之心，彻底地顺从自然，道理就随手可得了。

有一个流浪汉，走进寺庙，看到菩萨坐在莲花台上受众人膜拜，非常羡慕。

流浪汉："我可以和你换一下吗？"

菩萨："可以，只要你不开口说话。"

流浪汉坐上了莲花台。他的眼前整天嘈杂纷乱，要求者众多。他始终忍着没开口。

一日，来了个富翁。富翁："求菩萨赐给我美德。"磕头，起身，他的钱包掉在了地上。流浪汉刚想开口提醒，他想起了菩萨的话。

富翁走后，来的是个穷人。穷人："求菩萨赐给我金钱。家里人病重，急需钱啊。"磕头，起身，他看到了一个钱包掉在了地上。穷人："菩萨真显灵了。"他拿起钱包就走。流浪汉想开口说不是显灵，那是人家丢的东西，可他想起了菩萨的话。

这时，进来了一个渔民。渔民："求菩萨赐我安全，出海没有风浪。"磕头，起身，他刚要走，却被进来的富翁揪住。为了钱包，两人扭打起来。富翁认定是渔民捡走了钱包，而渔民觉得受了冤枉无法容忍。流浪汉再也看不下去了，他大喊一声："住手！"然后，把一切真相告诉了他们。一场纠纷平息了。

菩萨："你还是去做流浪汉吧。你自以为自己很公道，所以开口说话。但是，穷人因此没有得到那笔救命钱，富人没有修来好德行，渔夫出海赶上了风浪葬身海底。要是你不开口，穷人家的命就有救了，富人损失了一点钱但帮了别人，为自己积了德，而渔夫会因为纠纷无法上船，躲过了风雨，或许至今还活着。

流浪汉默默离开了寺庙……

许多事情，该怎样，就怎样。等待它顺其自然地发生，结果会更好。可面对现实的时候，有谁又知道，事物本身该有的结果是什么样子呢？

我们在这个竞争激烈的社会中辛苦打拼的时候，常常累得疲惫不堪、遍体鳞伤。其实，顺其自然是一种生存方式，而且是最为美好的生存方式。

当然，顺其自然并非是消极地等待，顺其自然并非是听从命运的摆布，更确切地说，顺其自然是寻求生命的平衡。谁能达到这种境界，谁的生活就会美好，谁的生命就有质量。

不如让一切顺其自然，你会发现你的内心会渐渐明朗，身心上也会减轻许多负担。

第八章
摒弃消极，积极面对

把发脾气的时间用来提升自己

不管是哪种情况，发脾气都会让自己的生活变得一团糟，也会让周遭的人处于混乱状态。如果我们把所有心力都放在他人与问题本身上，就没什么力气再经营自己的生活了。

生活中我们会遇到各式各样的人，他们可能因为不了解我们，或误会而嘲笑我们、诋毁我们，聪明的人懂得在这个时候争气，而不是逞一时口舌之快，他们会化悲愤为力量，让心中的一股不甘之气成为自己前进的动力，面对生活中的嘲笑，与其生气，不如争气。所以，如果你把发脾气的时间用来提升自己，人生一定能越来越好。

纽约一家公司因为经营不善被法国一家公司兼并了。在签订兼并合同的当天，公司新任总裁宣布："我们不会因为兼并而随意裁员，但如果你的法语太差，无法和其他员工交流，那么我们不得不请你离开。这个周末我们将进行一次法语考试，只有考试及格的人才能继续在这里工作。"

听到这个消息，几乎所有的员工都涌向图书馆，只有一个员工像平时一样直接回家了，其他人都认为他肯定不想要这份待遇丰厚的工作了。但是结果却令所有人跌破了眼镜，这个被大家公认为最没有希望的人考了最高分。

原来，这位员工在大学刚毕业来到这家公司后，就已经认识到自己身上有许多不足。从那时起，他就开始有意识地提高自身的能力。工作闲暇时，同事们都上网聊天、打游戏或是看视频，只有他将时间用在熟悉公司所有部门的业务上，并谦虚地向同事请教问题，他很快就熟悉了整个公司的运作流程。更难能可贵的是，作为一个销售部的普通员工，他还时常向技术部和产品开发部的同事们学习相关的技术知识，所以他每次都能对客户的问题对答如流。

在工作中，他还发现公司的客户多半来自法国，于是在工作之余开始刻苦地学习法语。当同事都在请公司的翻译帮忙翻译与客户的往来邮件与合同文本时，他已经能够自行解决这些问题了。

职场的竞争是工作能力的竞争、知识与专业技能的竞争，一个人如果善于学习，他的前途便会一片光明。所以，学习应当成为每一个人的终身目标和不竭动力。无论你在职业生涯的哪个阶段，学习的脚步都不能稍有停歇。与其将宝贵的时间浪费在发脾气上，不如将大量的时间和精力放在学习上，只有那些随时充实自己，为自己奠定雄厚基础的人才能在激烈竞争的环境中生存下去。

有一个年轻人总觉怀才不遇，老板对他不重视，很不满意他的工作，他愤愤地对朋友说："我的老板一点不把我放在眼里，改天我要对他拍桌子，然后辞职不干。"

朋友问他："你对那家贸易公司的运作流程完全弄清楚了吗？对他们做国际贸易的窍门完全搞通了吗？"

年轻人摇了摇头，不解地望着朋友。

朋友建议道："君子报仇十年不晚，我建议你把商业文书和公司运作完全搞通，甚至连怎么修理影印机的小故障都学会，然后再辞职不干。”

看着他一脸迷惑，朋友解释道：“公司是免费学习的地方，你什么东西都通了之后，再一走了之，不是既出了气，又有许多收获吗？”

这个年轻人听了朋友的建议，从此便默默学习，甚至下班之后，还留在办公室研究写商业文书的方法。

一年之后，那位朋友偶然遇到他，问道：“你现在大概多半都学会了，准备拍桌子不干了吧？”

“可是我发现近半年来，老板对我刮目相看，最近更是不断加薪，并委以重任，我已经成为公司的红人了！”

“这是我早就料到的！”他的朋友笑着说，“当初你的老板不重视你，是因为你的能力不足，却又不努力学习。而后你痛下苦功，通过学习以后，工作能力不断提高，他当然会对你刮目相看。”

一味地抱怨与生气，最后受伤害的还是自己，与其如此，不如好好努力，替自己争一口气。

面对别人的看轻，生气是拿石头砸自己的脚，用事情的结果来堵住别人的嘴巴，才是替自己争气的方式。

如果你想改变不被老板赏识的现状，获得提升的机会，抱怨是无济于事的。相反，除非你革除了抱怨这种坏习惯，否则你终其一生都不会真正成功。然而，要摒弃抱怨、不思改变的习惯，却不是件容易的事。你必须认真对待自己的工作，明确自己在工作中应负的责任，你必须努力，只有这样，你才能有所改变，享受到成功的果实。这就好像你正住在一间简陋的破屋里，心中梦想着宽大而明亮的别墅。要实现这个梦想，你首先应该以认真的态度对待它而不是应付它；你要明白让生活变得更美好，是每个人不可推卸的责任，然后你要做的就是努力通过实践，将这间小屋变成一个你心目中的别墅。

工作上屡遇瓶颈、情感屡遭挫折、生活处处不如意，人生到处充满让我们发脾气的事情，但其实你可以选择不发脾气，所有使你生气的事物，只要换个角度思考，就能转化为你前进的动力。

找准增长点，你的人生才会增值最快

“金无足赤，人无完人。”现实生活中的每个人都有自己的长处，也有自身的短处，这是很正常也是不可避免的事情。只有认清自己的长处和短处，才能扬长避短，真正实现自我价值。

有这样一个寓言故事：

森林里的动物们开办了一所学校，学生中有小鸡、小鸭、小鸟、小兔、小山羊、小松鼠等。为了把它们培养得像人类一样聪明，学校开设了唱歌、跳舞、跑步、爬山和游泳5门课程。第一天上跑步课，小兔非常兴奋，在操场上跑了几圈之后，它自豪地说：“我能做好我天生就喜欢做的事！”而其他小动物，有的沉着脸，有的噘着嘴，都闷闷不乐。放学后，小兔回到家对妈妈说：“这个学校真棒！我太喜欢了。”第二天一大早，小兔蹦蹦跳跳来到学校，上课时老师宣布，今天上游泳课。小兔顿时傻了眼，其他小动物更没了招，只有小鸭兴奋地一下跳进了水里。接下来，第三天是唱歌课，第四天是爬山课……学校里的每一门课程，总有个别小动物喜欢，但别的小动物都受不了。

这个寓言故事告诉了我们一个通俗的道理，那就是：不能让猪去唱歌，兔子学游泳。想要每个小动物都自信的话，小兔子就应跑步，小鸭子就该游泳，小松鼠就得爬树。人也是如此，能否最大限度地发挥自身优势，是一个人成功与否的重要标志。

有些人做事，从一开始就注定了要失败，不是因为他们能力不够、机会不多，而是因为他们上错了船、进错了门，始终在做着自己并不擅长的工作。

寻找并经营自己的长项，让它不断发展壮大，给自己带来财富和荣耀，是所有成功者共同的特点。

马克·吐温作为职业作家和演说家，可谓名扬四海，取得了极大的成就。你也许不知道，马克·吐温在试图成为一名商人时却栽了跟头，吃尽苦头。

马克·吐温投资开发打字机，最后赔掉了5万美元，一无所获；马克·吐温看见出版商因为发行他的作品赚了大钱，心里很不服气，也想发这笔财，于是他开办了一家出版公司。然而，经商与写作毕竟风马牛不相及，马克·吐温很快陷入了困境，这次短暂的商业经历以出版公司破产倒闭而告终，马克·吐温本人也陷入了债务危机。

经过两次打击，马克·吐温终于认识到自己毫无经商才能，于是断了经商的念头，开始在全国巡回演说。这回，风趣幽默、才思敏捷的马克·吐温完全没有了商场中的狼狈，重新找回了感觉。最终，马克·吐温靠工作与演讲还清了所有债务。

可见，人生成功的诀窍在于经营自己的长处，找到发挥自己优势的最佳方式。现实生活中，每个人对自己的人生道路都应该进行一番设计，保持理性的头脑。真正认清了方向后，加以精心培养，就可以少走弯路，事半功倍，早日成功。

爱默生曾说过：“什么是野草？就是一种还没有发现其价值的植物。”所以，世界上根本不存在垃圾，所谓垃圾，就是放错了地方的宝贝。我们每个人都有自己天生的优势，也有自己天生的劣势。关键是看我们是否能够保持理性，善于发现自己的优势并有效地经营自己的优势。

刘明大学毕业后在一家出版社当编辑，编了几本书，但书的社会反响并不好，发行量也勉强保本。在这期间，他还被合作者“涮”过两回，筹划了几个月，先期也有了一些投入，但最后出书计划流产。所以，原本话不多的刘明变得越来越内向，不愿意与人沟通，不相信别人，事无巨细都要自己去做。在一些具体工作的细节上又特别苛刻，对自己对别人都一样，刘明变成了一个“绝对的完美主义者”。如此一来，同事们都不太愿意与他共事，刘明感到十分苦恼。

这时，领导看出了他的问题，于是主动找刘明谈话，并帮助他进行分析：刘明的优点在于天资聪慧，对人对事充满了好奇心，对人对己都有很高的要求，是个完美主义者。所以，他不适合从事需要较多与人沟通的工作，更适合做一些创意性的工作。

经过领导这番点拨，刘明心里像是点亮了一盏灯。其实，他从小就对美术感兴趣，很有绘画天赋，阴差阳错才当上了文字编辑。于是，刘明利用业余时间去进行了一些相关的技能培训。后来，他就被领导调到了设计部做美编，凭着扎实的美术功底和严格要求自己的精神，经他设计的作品，不断受到客户的赞扬。不出半年，他已升为设计部主管了。

在人生之旅中，一个人如果站错了位置，用他的短处而不是长处来谋生的话，那结果肯定不会理想，他可能会在永久的卑微和失意中沉沦下去。

每个人都有自己的长处，也都有自己的弱项。人的精力有限，不可能样样都学，样样都行。聪明的人总是善于发现自己最擅长的东西，并把它坚持下来经营一生。也只有在自己最擅长的领域内打拼，才有可能最终获得真正的成功。

不断向前，永葆一颗进取之心

进取心是激发人们与命运抗争的力量，是完成崇高使命和创造伟大成就的动力。

一个人具备了进取心，就会像被磁化的指针那样显示出矢志不移的精神力量；一个社会若有了进取意识，就会充满活力，就会大踏步地向前发展；一个国家若有了进取意识，就会国富民强，蒸蒸日上。

有人研究了美国最成功的500个人的生平，还结识了这些人当中的许多人。他发现这些人的成功故事中都有一个不可或缺的元素，这就是强烈的进取心。这些人即使屡遭失败但仍旧十分努力。在他们看来，只有能克服不可思议的障碍及巨大的失望的人，才能获得巨大的成功。正如美国著名学者奥里森·马登所说："进取心激发了人们抗争命运的力量，它来自天堂，是完成崇高使命和创造伟大成就的动力，激励着人们向自己的目标前进。这是宇宙力量在人身上的体现，并不是纯粹的人为力量就能创造这种动力。我们每个人都会感到，这种激励是我们人生的支柱，为了获得和满足这种需求，我们甚至愿意以放弃舒适生活和牺牲自我为代价。进取心最终会成为一种伟大的力量，会使我们的人生更加完美。"

有一天，尼尔去拜访毕业多年未见的老师。老师见了尼尔很高兴，就询问他的近况。

这一问，引出了尼尔一肚子的委屈。尼尔说："我对现在做的工作一点都不喜欢，与我学的专业也不相符，我整天无所事事，工资也很低，只能维持基本的生活。"

老师吃惊地问："你怎么会无所事事呢？"

"我没有什么事情可做，又找不到更好的发展机会。"尼尔无可奈何地说。

"其实并没有人束缚你，你不过是被自己的思想抑制住了，明明知道自己不适合现在的位置，为什么不去再多学习其他的知识，找机会自己跳出去呢？"老师劝告尼尔。

尼尔沉默了一会儿说："我运气不好，什么样的好运都不会降临到我头上的。"

"你天天在梦想好运，而你却不知道机遇都被那些勤奋和跑在最前面的人抢走了，你永远躲在阴影里走不出来，哪里还会有什么好运。"老师郑重其事地说，"一个没有进取心的人，永远不会得到成功的机会。"

对于一个人来说，没有什么比我们的进取心更重要的了。如果我们的态度是消极的，那么，与这对应的就是平庸的人生。我们必须以高于普通人的眼光来看待自己，否则，我们只会是一个小人物。我们必须计划让自己能拥有更高的职位，以督促自己努力得到它，否则，我们永远也得不到想要的。不要怀疑自己有实现目标的能力，否则，自己的决心就会被削弱。只要我们在憧憬着未来，我们其实就是在向着目标前进。

1968年，也就是曼狄诺44岁时，他写出了《世界上最伟大的推销员》一书，这是一部伟大的作品，它凝结了作者一生的心血，该书一问世，即以22种语言在世界各个国家出版，不仅仅是推销员，还包括社会各个阶层人士，都被这部充满魅力的作品深深吸引，人们争相阅读，从中汲取了强大的精神力量。

奥格·曼狄诺1924年出生于美国东部的一个平民家庭。在28岁以前，他是幸运的，完成了学业，有了工作，并娶了妻子。但是后来，面对人世间的种种诱惑，由于自己的愚昧无知和盲目冲动，他犯了一系列不可饶恕的错误，最终失去了自己一切宝贵的东西——家庭、房子和工作，几乎赤贫如洗。于是，他如盲人骑瞎马般，开始到处流浪，寻找自己、寻找赖以度日的种种答案。后来，他在一次到教堂做弥撒的时候，认识了一位受人尊敬的牧师，也许是由于他苍白的脸庞和忧郁的眼神，牧师同他展开了交谈，并解答了他提出的许多人生的困惑问题。临走的时候，牧师送给他12本书，让他从中找到了做人的道理。

从此，曼狄诺开始焕发出前所未有的热情和勇气。在以后的日子里，他当过卖报人、公司推销员、业务经理……在这条他所选择的道路上充满了机遇，也满含着辛酸，他已战胜了自己，因为他拥有了一种进取的力量，他认为一个人要想做成大事，绝不能缺少进取的力量，因为进取的力量能够驱动你不停地提高自己的能力，把成大事者的天梯搬到自己的脚下。在这种力量的驱使下，终于，在35岁生日的那一天，他创办了自己的企业——《成功无止境》杂志社，从此步入了富足、健康、快乐的乐园。事后有人问曼狄诺为何会走向成功？他斩钉截铁地回答说："因为我的身上有一股进取的力量，这股力量的来源就是我的进取心。"

人之所以进步与成功，正是有了进取心和意志力。这种永不停息的自我推动力，激励着人们向自己的目标前进。这种向上的力量是每一种生命的本能，这种东西不仅存在于所有的人类和动物身上，连埋在地里的种子也有着这样的力量，正是这种力量刺激着它们破土而出，促使它们向上生长，向世界展示美丽与芬芳。而作为人类，我们虽然不能改变生命的长度，但我们可以改变它的质量。就让我们主动进取，像一粒粒想破土而出的种子那样，与命运搏击，活出最精彩的自我，让世界惊艳、动容吧！

进取心是一个人不断成长、不断取得新成绩的直接动力。没有进取心，就很难产生成功的动力，成功就少了支点。所以，只有我们有了进取心，才可以充分挖掘自己的潜能，实现人生的价值，充分享受人生的甘美。

没有一劳永逸，勤奋的人才能跑在前面

我们抱怨、发脾气，多半原因是在短期之内，我们无法改变现况。但人生就是这样，想要有什么收获就得先付出努力，而勤奋是我们改变命运的唯一途径。

勤奋，是一切成就的根源所在。不勤奋的人是不会取得成功的，相反，取得成功的人都是勤奋的。爱因斯坦讲过：“在天才和勤奋两者之间，我毫不迟疑地选择勤奋，她几乎是世界上一切成就的催产婆。”美国已逝的总统罗斯福也曾说过类似的话：成功的人并非天才，他资质平平，但却能把平平的资质发展成为超乎平常的事业。而我国著名的数学家华罗庚也说过：聪明出于勤奋，天才在于积累。这些古今中外的成功人士都用自己的行动向世人证明了一个道理：如果没有兢兢业业的努力，没有踏踏实实的奋斗，是不可能取得异于常人的成就。虽然我们都是普通人，也不一定都能够取得像他们

一样的成就，但是只要我们勤奋一点，努力一点，埋头苦干，坚持不懈，我们一定会达到自己的人生目标。

1997年春，微软刚刚成立不久，随着业务发展的需要，公司要招聘一名秘书。当时，42岁的米丽亚姆·卢宝前来应聘。她见到比尔·盖茨是在她上班一个星期之后，当时，她几乎不敢相信自己的眼睛，微软的创始人竟然如此年轻。米丽亚姆意识到自己是在为一家独一无二的公司工作。

微软的确与众不同，米丽亚姆发现她的老板工作极为努力、勤奋，每星期工作七天，几乎从不休息。有时一连几天都不离开办公室。当她早晨来上班时，常常发现他睡在办公室的地板上。

而且，最重要的是，在比尔·盖茨的感染下，公司里的每一位员工也都非常勤奋。到了晚上八九点钟，很多企业都已经下班了，而微软办公室中的人却最多，也最繁忙。销售人员白天拜访客户，晚上要回来赶写工作报告，还有一些部门开会、听总结等，也都在办公室里进行。

渐渐地，微软的工作氛围也感染了米丽亚姆，她也更加勤奋地工作。米丽亚姆把公司的绝大部分管理工作都包下来了。

戴夫·穆尔描述了微软典型的一天，他说："在微软情形是这样的，早上醒来，去上班，干活，觉得饿了，下去吃点早餐，接着干，干到觉得饿了，吃点午餐，一直工作，直到累得不行了，然后开车回家睡觉。"

微软公司无疑是行业中的翘楚，但微软人始终将勤奋作为工作的第一法则。正是比尔·盖茨这种勤奋的工作精神，才使微软公司上下齐心协力，创造了辉煌的微软帝国。

世界上，聪明的人很多，有才能的人也很多，但是能把这些和勤奋联系起来的人却不多见。正因为如此，这些勤奋的人才会拥有超出一般人的成绩。

成功人士之所以成功，并不是因为他们与生俱来的天赋，而是因为他们能做到一般人做不到的事情，无论遇到多么大的困难也绝不放弃、绝不停止。他们能够在任何事情上都坚持不懈，在沉稳中磨炼自己的心智，在困难中积累经验，在风雨中坚持到底。

有一个从事教育事业几十年的老教师在回忆他的学生时发现，当年在学校里默默无闻，资质平平，并不是特别聪明的人，反而在数年后取得了比那些聪明的、学习成绩优异的学生更大的成就。

后来，这位老教师总结说：因为这些资质一般的学生比其他的学生忠厚老实，踏实肯干，别人不愿意做的事情，他们愿意花费比别人更多的时间去做，别人做不好的事情，他们坚持的时间比别人要长得多。正是因为他们的勤奋精神，才为他们今后的成功打下了坚实的基础。而那些聪明，但做事不勤奋、不踏实的学生，有的一生都碌碌无为。

成功的人不一定是聪明的人，但一定是肯下苦功夫的勤奋人。他们不会因前进道路上的任何困难而退缩，而是坚持不懈地朝着自己的目标努力，并不断地对自己提出更高的要求。

台湾美发业的领头羊——曼都公司董事长赖孝义在一次对青年们的演讲时说："要做出不平凡的业绩，勤奋、认真是最基本的。而且一定要在工作上花比别人更多的时间，尤其是在给别人打工时。只有这样做，你才能为自己争取到更多的成功机会。"

被誉为"日本保险推销之神"的原一平在69岁时的一次演讲会上，当有人问他推销的秘诀时，他当场脱掉鞋袜，将提问者请上讲台，说：

“请你摸摸我的脚板。”提问者摸了摸，十分惊讶地说：“您脚底的老茧好厚呀！”原一平说：“因为我走的路比别人多，跑得比别人勤。”

原来，原一平身材矮小、相貌平平，对于推销员这个行业来说，原一平的先天条件实在太差了。这些不足之处影响了他在客户心中的形象，他起初的推销业绩因此很不理想。原一平后来想：既然我的确存在一些劣势，那就让勤奋来弥补它们吧。为了实现他第一的梦想，原一平全力以赴地工作。早晨五点钟睁开眼后，立刻开始一天的活动：六点半往客户家中打电话，最后确定访问时间；七点钟吃早饭，与妻子商谈工作；八点钟到公司去上班；九点钟出去推销；下午六点钟下班回家；晚上八点钟开始读书、反省，安排新方案；十一点钟准时就寝。这就是他的一天生活，从早到晚一刻不闲地工作，把该做的事及时做完。最终他摘取了日本保险史上销售之王的桂冠。

一个人要想在这个竞争激烈的时代脱颖而出，就必须付出比他人更多的汗水和努力，具有一颗积极进取、奋发向上的心，否则只能由平凡变为平庸，最后成为一个毫无价值和没有出路的人。

勤奋在人的一生当中占有重要的地位。要想做到勤奋，必须要有“每天多做一点儿”的精神。每天多做一点儿，看起来很简单，但是做起来非常困难。因为坚持一天、两天容易，坚持一个星期、一个月，甚至一年是不容易的。所以，勤奋的人会比一般人出众。勤奋是一种美德，一种超众的技巧和能力，可以使自己拥有更强大的竞争力和更大的优势，如果每天能多做一点儿，收获会远远超过你所能想象的。

付出越多，得到越多，越勤奋，越容易成功。思想家荀子启示世人：不积跬步，无以至千里；不积小流，无以成江海。勤奋的人，才可以脱颖而出，坚持的人，才可以走得更远、更高。

克服自卑，建立起你的自信心

有位心理学家曾说："时下，很多人容易冲动，并不是因为脾气有多么急躁，而是因为缺乏自信。"也就是说，自卑的人容易冲动，这种冲动实际上是他们一种错误的自我保护。一个不自信的人容易产生自卑心理，而自卑会让人陷入更大的困境，因此，切不可失去自信，切不可自卑。

一个人有了自卑心理后，往往变得怀疑自己的能力，最终不能表现自己的能力，变得不善与人交往最终孤独地自我封闭。本来经过努力可以达到的目标，也会因认为"我不行"而放弃追求。自卑的人看不到人生的希望，领略不到生活的乐趣，也不敢去憧憬美好的明天。

德国哲学家黑格尔说：自卑往往伴随着懈怠，它是你前进道路上的绊脚石，可以使一个人的活动积极性与能力大大降低。虽然偶尔短时间地滑入自卑状态是正常现象，但长期处于自卑之中就是一场灾难了。自卑的根源是过分否定和低估自己，过分重视别人的意见，并将别人看得过于高大而把自己看得过于卑微。

只有控制住自卑心态，人才会敢于积极进取，成为一个有主动创造精神的人，才能开拓事业的新局面，也才会有积极的人生态度，才会活得开朗、开心，才会勇于承担责任，成为一个有责任心的人。而任何一个在事业上有所作为的人，都是有责任心的人。只有扔掉自卑，才会在平时积极思考，才会产生奇迹；才会积极跨越各种障碍，成为一个不怕困难的人；才会积极主动地去结交新朋友，才会取得成功。

孙伟在大学时曾经被公认是全班最胆小怕事的人。大学毕业时大家挥手告别，并且约定十年之后要重新相聚。很多同学预言孙伟不会有什么大作为，十年之后的他依然胆小怕事，过着普通的生活，庸庸碌碌。

十年很快就过去了，到了约定的日子，全班同学又聚在了一起。当年那些意气风发的同学被生活改变成了一言不发的旁观者，许多有才华的同学也在生活的压力下失去了当时的锐气，变得消极倦怠。孙伟这个公认的失败者还是和当年一样简单，不出众也不惹眼。

聚会到了高潮，大家纷纷讲述自己的理想，以及对目前生活的满意程度。大多数人表示自己目前的生活状态与理想相差甚远，几乎没有人满意现在的生活。

孙伟也向大家介绍了自己的生活："我现在拥有几家公司，总资产数亿元，远远超出了当年走出校门时的理想。如果说我现在还有什么不满的话，那就是我现在取得的成绩离那些我欣赏的成功者还很遥远。我想说的是，当年不论是在学校还是初入社会，我都是一个自卑的人，我发现每个人都有特长，而我一直很平凡。但是我发现，不论我怎么努力也不可能赶上所有的人，所以我决定选择从某些方面提升自己的能力。我把自卑转化成自信，把所有伟大目标转化成向别人学习的一点点的进步。进步一点，就有一点战胜自卑的理由。这样一来，我获得了源源不断的前进动力，也取得了今天的成绩。"

孙伟的成功不仅仅在于有了良好的事业，更在于他驱散了心底的自卑，怀着自信面对生活。自卑就像我们心中的阴云，只有拨开它，我们才能享受到灿烂的阳光，拥有人生的快乐。战胜自卑最有效的方法就是相信自己，只有相信自己才能超越自己。

自卑是与生俱来的一种情绪，而自信源于理性。如果一个人能转变观点，将自卑转化成自信，那么他就拥有了一种做人做事的健康心态，一种成熟理性的行为模式，成功便触手可及。

走出自卑首先要学会正确地评价自己，看到自己的长处，发现自身价值，坚信“天生我材必有用”。其次要学会自我激励，积极暗示自己“我能行”、“别人能干的事我也能干”、“坚持就是胜利”等，增强自己战胜困难与挫折的力量。总之，自信是消除自卑心理最根本的动力，自信可以把自卑心理转化为自强不息的动力，使人们在生活和事业上成为强者。

消除忧虑，及时化压力为动力

美国有一句俗语：“被推到水里的人，能很快学会游泳。”其中的意蕴即是：在一定的情景下，往往压力会变成动力，助推人们获得成功。

有这样一个小故事：

有一天，农夫的一头驴子不小心掉进一口枯井里。农夫绞尽脑汁想救出驴子，但几个小时过去了，驴子还在井里痛苦地哀号着。

最后，这位农夫决定放弃，他想这头驴子年纪大了，不值得大费周折去救，不过无论如何，这口井还是得填起来。于是农夫便请来左邻右舍帮忙一起将井中的驴子埋了，以免除它的痛苦。农夫的邻居们人手一把铲子，开始将泥土铲进枯井中。

当这头驴子了解到自己的处境时，刚开始哭得很凄惨。但出人意料的是，一会儿之后，这头驴子就安静下来。农夫好奇地探头往井底一看，出现在眼前的景象令他大吃一惊：当铲进井里的泥土打在驴子的背部时，驴子的反应令人称奇——它将泥土抖落在一旁，然后站到铲进的泥土堆上面。就这样，驴子将大家铲倒在它身上的泥土全数抖落在井底，然后再站上去。很快，这只驴子便得意地上升到井口，然后在众人惊讶的表情中快步地跑开了。

对于那头驴来说，泥土就是压力，这种压力就是来埋葬自己的。但是，驴子将其视为一种助力，最终靠这种助力重获新生。我们的人生在很多时候就会像驴子一样，遇到很多压力，如果一个人善于化压力为助力，就不会不成功。

大多数人可能认为，压力乃是一种消极因素，殊不知，压力在某种意义上更是促使人积极向上的动力。压力越大，动力也就越大，只有不断在压力中获得重生的人才能茁壮成长。

一个人在一定的压力范围内，他的能力与压力是成正比的，即压力越大，能力越强。对于强者，压力从来就不是包袱。因为适当的压力会转化为个人内心的动力，利于人们保持良好的状态，挖掘自己的潜能。

“铁人”王进喜说：“油井没有压力打不出油，人没有压力做不好工作。”有压力才有动力，对任何人都一样。

海伦·凯勒在一岁多的时候，因为生病，从此眼睛看不见，并且又聋又哑了。由于这个原因，海伦的脾气变得非常暴躁，动不动就发脾气摔东西。她家里人看这样下去不是办法，便替她请来一位很有耐心的家庭教师莎利文小姐。海伦在她的熏陶和教育下，逐渐改变了。她利用仅有的触觉、味觉和嗅觉来认识四周的环境，努力充实自己，后来更进一步学习写作。几年以后，她的第一本著作《我的一生》出版，立即轰动了全美国。

在她的《假如给我三天光明》一文中，更是表达出了她的坚强、乐观和向上的精神，而这一切都该归功于她对生活的认识。

当海伦把失明仅仅当作一项压力的时候，她痛苦惆怅，所以她不能真正面对生活；当她把压力化作动力的时候，生活就选择了她。

在现实生活中，相信绝大多数的人所面对的情况都不会有海伦·凯勒那么糟，她尚且能够凭借坚强的意志和积极乐观的精神，化压力为动力，取得令人瞩目的成就，对我们正常人来说，又何尝不该如此去做呢！

有一哲人说过："要想有所作为，要想过上更好的生活，就必须去面对一些常人所不能承受的压力，你得像古罗马的角斗士一样去勇敢地面对它，战胜它，这就是你必须走的第一步。"的确，压力中潜藏着成长的机缘。哪里有压力，哪里就有成长的契机。我们要学会调整自己的心态，化压力为动力，让压力成为生活中的助推器，而不是被人唾弃的绊脚石！

盯紧梦想不迷惘

梦想是人生的一部分，有梦想的人生，才是完整的人生。斯蒂芬·霍金曾说：如果一个人没有梦想，无异于死掉。因为我有梦想，所以我活着！梦想具有神奇的能力。人一旦有了梦想，即使前方艰难险阻，也无法阻挡他前进的脚步。

有一个小男孩，他的父亲是位马术师。由于生活所迫，他从小就跟着父亲东奔西跑，一个马厩接着一个马厩，一个农场接着一个农场地去训练马匹。因为经常四处奔波，男孩的求学过程并不那么顺利。在他上初中时，有次老师叫全班同学写一篇作文，题目是“长大后的志愿”。

那晚，他非常用心地写了7张纸，描述了他的伟大志愿：他想拥有一座属于自己的牧马农场，并且仔细画了一张200亩农场的设计图，上面也仔细标着马厩、跑道等，然后在这片农场中央，还建造一栋占地近400平方米的巨宅，房子旁边有河流与花园。他花了一晚上时间把作文完成，第二天交给了老师。

然而意想不到的是，两天后他拿回了作文，结果第一页上就被打了一个又红又大的叉，旁边还写了一行字：下课后来见我。他下课后带着作文去找老师，疑惑地问道：“我写的有什么问题吗？为什么给我不及格？”

老师回答说：“年轻人应该踏踏实实，本本分分的，不要老是异想天开。你应该写点实际一些的内容。盖座农场不是一件小事，也不是一般人能够做到的，这可是件大工程，你别好高骛远了，你做不到的。”

老师看见他不服气的表情，于是又接着说：“你如果肯重写一个比较不离谱的志愿，我会考虑重新给你打分的。”男孩回家后反复思量了好久，最后他征询父亲的意见。父亲没有责怪他，只是关切地问道：“儿子，你觉得你能做到吗？”他坚定地点点头，再三考虑后，他决定交回原稿，一个字都不改。他告诉老师：“即使您依然这么评价，但我相信我能实现我的梦想。”

多年以后，小男孩长大成人，他通过努力实现了当初的梦想。有一次，一个老师带领学生来游玩，在离开之前，老师对男孩说：“说来有些惭愧，在你读初中时，我还曾泼过你的冷水。这些年来，我也对不少学生说过相同的话，但大多数的孩子都回去重写了，幸亏当初你有足够的自信，相信自己就会创造奇迹，才会取得今天的成功。”

也许有人会质疑你的梦想，嘲笑你的努力，觉得你太过于追求一些虚幻的东西，他们不支持你，不看好你，你的努力在别人眼里都是无用功，但你千万不要感到失落、犹豫，甚至发脾气、质疑自己的努力。试问，我们一生中有多少时间能为了自己想做的事情而奋斗努力呢？如果在年轻的时候没有尝试一下自己想做的事情，没有为自己的梦想努力过，无疑是人生的一种遗憾。人生能有几回搏，此时不搏何时搏？追梦的过程固然充满坎坷与困难，你可能会哭、可能会笑，也可能会难过、会迷茫。然而这就是过程，如果追求梦想的过程一帆风顺，这个世界也不会有那么多震撼人心的事情，让人深思的感悟。只要努力了再艰难的过程也会是一种成长，积聚着养料来滋养你以后的生活。所以，有梦就要去勇敢地追，不要放弃，每一种尝试都是你应该经历的，只要你在努力你就会收获别人没有的东西。

马云说："不给梦想一个机会，你就永远没有机会。"相信很多人在面对梦想的时候，都曾经想过要去尝试，但现实是残酷的，就像大浪淘沙。在现实面前，很多人退缩，于是就像沙子一样被海浪淘去了。人的一生说短也短，说长也长，关键是看你怎么样把握。总是不敢去付出行动，不给梦想一个机会，又怎么可能让梦想开花呢？

马云在创业之初时，几乎没有人相信他与他的团队能够取得成功，几乎所有人都不看好马云，都认为他这是一种鲁莽的行为。面对众多的质疑，马云心里多少都有一点不痛快。

然而，他并没有被这些质疑声压倒，因为他很快就认识到别人怎么看自己无关紧要，关键是自己怎么看自己。假如连自己都怀疑自己是否能实现梦想的话，那么永远都不会有实现梦想的那一天。因此，马云坚定执着地向自己的梦想迈进，最终实现了自己最初的梦想。

马云走过弯路，承受过常人无法想象的压力，但最终还是梦想的力量，给了他坚定的信念，令他从不放弃，从而使他的创业道路得以延续。无论遭遇什么样的困难，每当他因为遭遇挫折而一次次回到创业原点的时候，梦想都会使他再次获得饱满的自信与拼搏的勇气。

苏格拉底说：“世界上最快乐的事，莫过于为理想而奋斗。”一个人只有背负明天的希望，在每一个痛并快乐的日子里，才能走得更加坚强；只有怀揣未来的梦想，在每一个平凡而不平淡的日子里，才会笑得更加灿烂。

梦想是藏在心灵深处的最大的渴望，是成就事业的原动力，梦想能激发一个人的巨大潜能，它可以让人展现出无限的激情，这种激情又可以让人创造出无法想象的奇迹。所以，人要有梦想。无论你的梦想有多遥远，只要你认识到它对你的重要性，每天为之努力，你就会离它越来越近。

生活中，我们每一个人都应该有一个梦想。如果没有，请尽快寻找你的梦想吧。如果有梦想，那快朝着你梦想的方向行进吧。

怀揣梦想，不要迷茫，希望就在你努力过的地方。